国外著名建筑师丛书

阿尔瓦·阿尔托

刘先觉　编著

中国建筑工业出版社

图书在版编目（CIP）数据

阿尔瓦·阿尔托/刘先觉编著. —北京：中国建筑工业
出版社，1998
（国外著名建筑师丛书/彭华亮主编）
ISBN 978-7-112-03631-8

Ⅰ. 阿… Ⅱ. 刘… Ⅲ. 建筑设计-图集 Ⅳ. TU207

中国版本图书馆 CIP 数据核字（98）第 22846 号

　　本书全面系统地评介了芬兰著名建筑师阿尔瓦·阿尔
托的建筑创作过程，建筑思想与理论，代表性作品，并附
有主要论著摘录，简历，作品年表等。书中图文并茂，内
容翔实，重要作品还附有彩图，可供建筑设计人员、规划
人员、科研人员及建筑院校师生参考。

＊　　　＊　　　＊

　　责任编辑　许顺法

国外著名建筑师丛书

阿尔瓦·阿尔托

刘先觉　编著

＊
中国建筑工业出版社出版、发行（北京海淀三里河路 9 号）
各地新华书店、建筑书店经销
北京建筑工业印刷厂印刷
＊
开本：787×1092 毫米　1/16　印张：17¾　插页：12　字数：464 千字
1998 年 12 月第一版　　2017 年 1 月第六次印刷
定价：**55.00** 元
ISBN 978-7-112-03631-8
　　　　（28976）

1　阿尔托像及签名

2A　于韦斯屈莱工人俱乐部外观　1923 — 1925

2B　帕米欧疗养院正面　1929 — 1933

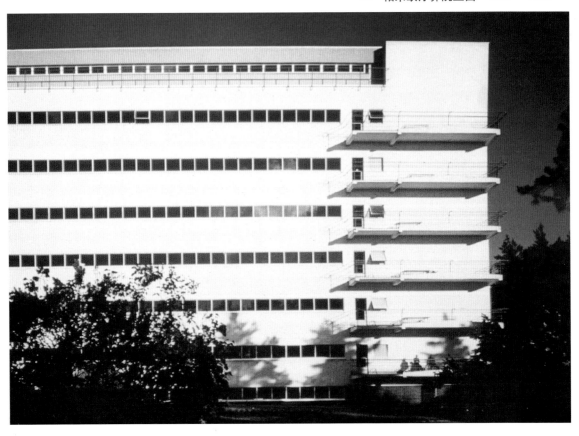

3A 帕米欧疗养院侧面

3B 帕米欧疗养院背面

3C 帕米欧疗养院门厅

4A 山尼拉纤维素厂外观 1936 — 1954

4B 山尼拉纤维素厂公寓楼

5A　玛利亚别墅外观　1938 — 1939

6A　玛利亚别墅庭院

6B　玛利亚别墅背面

6C　玛利亚别墅起居室装修

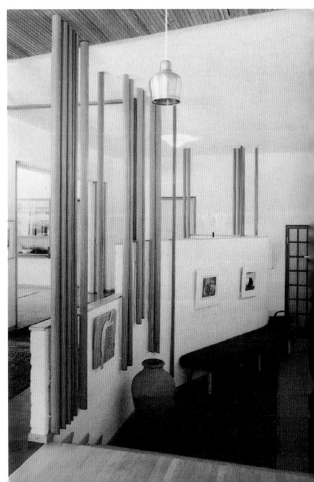

7A　柯图亚台阶式公寓　1938 — 1940　　　　　　　　7B　珊纳特塞罗市政厅外观　1949 — 1952

8A　美国　MIT 贝克大楼外观　1947－1948

8B　伊卡利嫩工人住宅　1951

A 芬兰年金协会正面 1952 — 1956

9B 芬兰年金协会背面

10A 于韦斯屈莱大学主楼外观 1953 — 1957

11A 拉塔塔罗商业办公楼
外观 1953 - 1955

11B 拉塔塔罗商业办公楼
大厅

12A　赫尔辛基文化宫外观之一　1955 — 1958　　　　　12B　赫尔辛基文化宫外观之二

13　伏克塞涅斯卡教堂外观　1956－1959

14A 伏克塞涅斯卡教堂祭坛

14B 伏克塞涅斯卡教堂室内

15A 德国 亚琛剧院外观 1958 — 1980S

15B 亚琛剧院入口

16　亚琛剧院观众厅

17A　塞奈约基市中心外观　1958 — 1965

17B　塞奈约基图书馆室内

18A　德国　不来梅高层公寓外观　1958 — 1962

18B　意大利　里奥拉教区中心外观　1966 — 1976

19A　芬兰音乐厅正面外观　1967 – 1971　　　　　　　19B　芬兰音乐厅会议楼外观

20A　芬兰音乐厅交响乐厅

20B　丹麦　阿尔堡艺术博物馆外观　1972

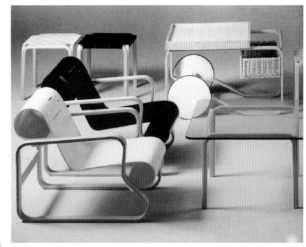

21A　阿尔托设计的家具　1930－1960

21B　茶几

21C　桌与凳

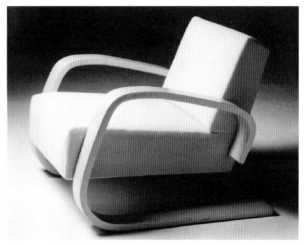

21D　曲木支撑沙发

22A 阿尔托水彩画 1915

22B 阿尔托油画 1973

22C 阿尔托油画 1950

前　言

　　1980年是我国进入改革开放的新时期，人们渴望摆脱"文革"年代的封闭和僵化，迫切要求立足国内，走向世界，把理性的种子撒遍全中国。过去曾一度被视作禁区的西方建筑理论、流派、思潮和创作实践已愈来愈引起我国广大建筑同行们的兴趣。新形势的挑战，促使这套《国外著名建筑师丛书》应运而生，和广大读者见面了。

　　我们组织出版这套丛书的宗旨是：活跃学术空气，扩大建筑视野，交流技术信息，努力洋为我用，进一步提高我国建筑师的建筑学术理论和设计创作水平，更好地迎接新世纪的来临。

　　本丛书首批（第一辑）共分13个分册，主要介绍被公认的13名世界级著名建筑师。每个分册介绍一名，他们是：F·L·赖特；勒·柯布西耶；W·格罗皮乌斯；密斯·凡·德·罗；埃罗·沙里宁；A·阿尔托；尼迈耶；菲利浦·约翰逊；路易·康；贝聿铭；丹下健三；雅马萨奇；黑川纪章（为后补）。本丛书的编写体例基本包括三个部分：即有关建筑师本人创作思想的评介；本人设计作品选；本人主要论文著作和演讲稿。另在附录中还列有建筑师个人履历、作品年表及论文目录等，供读者参考。每个分册的编写内容均力求突出资料齐全、观点新颖、图照精美、版面活泼的特点。

　　自1989年初出版了第一分册《丹下健三》以来，至1998年已陆续出版了赖特；密斯·凡·德·罗；菲利浦·约翰逊；路易·康；贝聿铭；雅马萨奇；黑川纪章等八个分册，其中有的分册还先后重印过七次（平均每年重印一次），在国内外产生了广泛的影响。率先出版的七个分册并荣获1996年第三届全国优秀建筑科技图书奖一等奖。

　　为了开拓丛书选题，以便更多地向建筑同行介绍国外著名建筑师，1989年由张钦楠先生主编的丛书第二辑亦脱颖而出，选择了詹姆士·斯特林（英）；矶琦新（日）；西萨·佩里（美）；约翰·安德鲁斯（澳）；赫曼·赫兹勃格（荷）；亚瑟·埃里克森（加）；诺曼·福斯特（英、增补的）等七名著名建筑师。第二辑的编写体例基本参照了第一辑的模式。已出版的詹姆士·斯特林；矶琦新；西萨佩里及诺曼·福斯特四个分册，和第一辑一样，受到国内外广大读者的欢迎。特别值得提出的是有的分册如《黑川纪章》、《诺曼·福斯特》在编写过程中还得到建筑大师本人十分热情友好的合作，主动无偿地提供了大量第一手技术资料（包括自撰序言、作品插图和照片、原版书等），大大提高了专集的图版质量和印刷质量。我们近期已在组织丛书第三辑的选题和出版计划，力求通过第一至第三辑的出版，在中外建筑师之间架起一座广阔的友谊之桥，让我国建筑同行全方位、多视点地了解国外世界级的著名建筑师，真正达到我们出版这套丛书的宗旨。

　　在组织落实丛书选题和编写工作过程中，得到了全国有关建筑专家、教授和建筑师同行的大力支持，这里谨向他们以及协助提供资料的有关单位和个人表示深深地谢意！

中国建筑工业出版社

（1998年4月修改稿）

序

    1998年是阿尔瓦·阿尔托诞生一百周年，为了纪念这位杰出的芬兰建筑师，我们特编著这本专集以作纪念。众所周知，阿尔托是第一代现代建筑大师中非常有个性的人物，他融理性与浪漫为一体，创造了举世闻名的人情化建筑，其思想与手法已在世界上产生了广泛的影响，也为工业化时代的建筑回归自然指出了希望。由于阿尔托的思想内涵深邃，作品丰富，系统收集与分析具有一定的难度，幸好在本书的写作过程中曾得到国内外朋友的协助，致使本书最后得以较顺利地完成。这里特别要提出的是芬兰建筑学者马可·马蒂拉(Markku Mattila)和芬兰阿尔托博物馆曾为本书的写作赠送了大量专著与图片，是目前极为珍贵的资料。东南大学图书馆的负责同志也为本书的写作专门订购了有关图书。在作者撰写本书的过程中还曾在资料的整理方面得到林蔚、孟磊松、杜海清、尤翔、唐芃、马鸿杰等同志的协助，尤其要提出的是葛明同志对本书的资料收集与图片选编方面都作了大量工作，特在此一并致谢。愿本书能为广大读者提供有关阿尔托资料方面的参考。

刘 先 觉

1998.2. 于东南大学

目　录

"有人认为建立新形式的标准化是走向建筑和谐的唯一道路，并且能用建筑技术加以成功地控制。而我的观点不同，我要强调的是建筑最宝贵的性质是它的多样化和联想到自然界有机生命的生长。我认为这才是真正建筑风格的唯一目标。如果阻碍朝这一方向发展，建筑就会枯萎和死亡。"

—— 摘自阿尔托《论材料与构造对现代建筑的影响》，1938

1

评述

创造人情化的建筑

　　阿尔瓦·阿尔托(1898 - 1976)全名 Hugo Alvar Henik Aalto，芬兰人，是现代建筑第一代著名大师之一，人情化建筑理论的倡导者。他独到的见解，丰富的构思，灵活的手法，不仅具有自己明显的个性，而且也反映了时代的要求和本民族的特点。这种特点是和他所处的环境分不开的。

　　芬兰地处北欧，冬季气候严寒，冰雪遍地，房屋对保温的要求特别重要。同时，芬兰又是一个盛产木材的国家，木材加工厂与造纸厂遍布全国。芬兰的森林覆盖面积达70%以上，它既为造纸提供了优质原料，又为自然风景增添光辉。它的矿产也非常丰富，尤其是铜的产量在欧洲居于首位。芬兰的湖泊更是又多又美，全国总共有八万多个，而且大部分河流都从湖区流向南方的大海，形成运输木材的天然航道(图1)。因此，阿尔托的建筑总是尽量利用自然地形和优美景色，建筑物外部饰面与室内装修经常反映木材特性，铜作为精致细部的点缀也相当突出。建筑物的造型沉着稳重，结构常采用较厚的砖墙，门窗安排适当，颇能反映北欧特色。他的建筑作品从不浮夸和豪华，也不照抄欧美先进国家的时髦，而是把现实主义和浪漫主义融为一体，创造了独特的民族风格和建筑个性。

　　阿尔托一生所作的工程和方案非常之多，范围相当广泛，从区域规划、城市规划到市政中心设计，从民用建筑到工业建筑，从室内装修到家具和灯具以及日用工艺品的设计，无所不有。阿尔托认为建筑不应该是工业化与标准化的奴仆，而应该是它们的主人，一切技术手段都必须用来为它的艺术风格服务。

　　他喜爱文学，欧洲各国著名作家的作品他经常阅读，同时他也喜欢外出旅游，以丰富见识，提高修养。但是阿尔托不善于演讲，即使过去在国际现代建筑协会(CIAM)发言，或是在美国麻省理工学院讲学，话都是不长的，至多

图1　芬兰的森林、木材与河流

不过表达他的一些建筑观点而已。他的论著也很少，实际的工程作品就是他为世界留下的建筑诗篇，在这些诗篇里充分反映了这位建筑大师的构思意境。

　　从阿尔托一生的建筑实践中，可以看出他的造诣很深。根据他建筑思想的发展和作品的特点，大致可以把他的创作历程分为三个阶段：第一阶段从1923年到1944年，是他创作的初期阶段，也称之为"第一白色时期"。在这个时期里的创作基本上是发展欧洲的现代建筑，并结合芬兰的特点。作品外形简洁，多呈白色，有时在阳台栏板上涂有强烈色彩；或者建筑外部利用当地特产的木材饰面，内部采用自由设计。第二阶段从1945年到1953年，是他创作的中期，或成熟时期，

也称之为"红色时期"或"塞尚时期"① 。 这时期他常喜欢利用自然材料与精细的人工构件相对比，建筑外部经常用红砖砌筑，造型自由弯曲，变化多端，且善于利用地形和自然绿化。室内强调光影效果，形成抽象视感。第三个阶段从 1953 年到 1976 年，是他创作的晚期，也被称之为"第二白色时期"。这时期又再次回到白色的纯洁境界，建筑作品是空间变化莫测，进一步表现流动感，外形构图既有功能因素，更强调艺术效果。

图2　阿尔瓦·阿尔托，1930

在二三十年代时，阿尔托曾是现代派的拥护者(图2)，同时却又补充了现代派的不足，他在后来的建筑创作中更进一步发展了人道主义、自然情趣和艺术素养。他的作品巧妙地解决了功能、技术和形式的矛盾，手法是有机的，艺术风格具有十分动人的魅力，造型富有隐喻，不可预测，体现了神秘和豪放结合，理性和反理性并存。

如果有人问阿尔托成功的秘诀在哪里？回答应该是他的成就植根于芬兰的自然环境，自我价值观，以及他对时代和民族所赋予的责任感。欧洲的20年代是现代主义建筑流行的时代，工业技术与理性给人们带来了新的生活，带来了城市建筑的新面貌，然而现代主义的梦想却掩盖了人性和乡土的迷恋，因而也不可避免地带来了先锋派们不曾预测到的新问题，那就是人们逐渐地在整齐划一的过分秩序中迷失了自我，使人类的人性从属于技术的支配。换句话说，也就是人们越来越清楚，技术虽然能起着超人的作用，但已不再是社会发展的绝对动力，而往往会成为我们时代的一种危险力量。

阿尔托成长的芬兰既不是以企业家、商人为主导的技术先锋国家，也不是人口众多的封建国家。它实行的是斯堪的纳维亚式的民主制度，保护个人自由，能接受科学技术的成果，而根深蒂固的传统观念又使它不为现代主义所左右，这就是阿尔托世界观的直接来源。

的确，阿尔托年轻时期经历了一次有争议的转变，在此过程中，他放弃了最初的新古典主义风格，接受了先锋派建筑师提倡的绝对客观真实性标准，他的帕米欧疗养院事实上就是理性主义的杰出作品。但我们看得出，设计的重点是放在功能的有机组织上，它的造型并非取悦于乌托邦式的玻璃与白墙面的梦想，而是表达了当代芬兰建筑的阳刚之气。阿尔托个人对邻国瑞典的建筑相当欣赏，而且在美国的两年阅历也使他在战后的建筑风格达到成熟，既不沉缅于田园式浪漫情调，也不盲目拜倒在技术之下，这就是阿尔托的建筑纲领。正因为如此，他不欣赏大城市中铝合金与玻璃堆砌的摩天楼，他需要在创造中有所选择。

阿尔托是怎样利用技术为人情化服务的呢？我们可以通过分析他的作品，从他的石头、木材以及金属表达人性的内容中寻找答案。大概他的建筑话语更能说明问题。他设计的住宅美观而不矫揉造作，他设计的办公楼设施完善而不复杂，他的公共建筑使公众产生亲切感而不是压抑感，

① 塞尚(Cezanne，1839－1906)是 19 世纪后半期法国著名印象派画家。

他规划的城市功能合理而又不过分把重点投入交通与消费的需求。所有这些都以艺术的手法表达出来，就像芬兰的绘画一样浅显易懂，简洁有序，表达情调细致入微，这样便使他的建筑在周围建筑中显得生动活泼，更有情趣。

然而，这还不足以概括阿尔托创作的全部特征，要理解他，还应该注意到他的观念，那就是要求非人性的技术与亲近人性的自然相融合。

首先我们看到，阿尔托绝不回避现代技术，事实上，他设计的山尼拉城大型工业化硫酸盐厂房就是他最优秀的技术作品之一。我们从阿尔托的许多作品中都可以看到现代技术的应用。从以技术手段制成的曲木家具到伏克塞涅斯卡教堂内部用电动卷门分割三个空间都说明了这一点。尤其是山尼拉工业厂房的设计，既考虑到厂房设计的先进技术，又把工人住宅区在一片松林中进行了详细规划，为职工提供了健康完善的生活环境。

其次，阿尔托对待环境的态度与他对待技术的态度一样，从来不愿意把自然置于人之上，既不想坠入自然神秘主义与原始主义，也不愿与丰富多样的自然世界完全分离。阿尔托认为自然与人的作品应该结合起来，使它们成为一个整体。山尼拉工厂区就是这种观点的一个实例。有些工程师曾提出应将山铲平建造工厂，而阿尔托则认为需要保留山地，在斜坡台地上建造厂区。这种布局方法从生产工艺流程的角度来讲也是合理的。它体现了阿尔托的建筑观：人的作品与自然融合，是它的组成部分。就像山尼拉居住区那样，厂区与自然密切结合，又美化了自然。整个工厂不仅有独特的自然景观，而且注入了一种新的活力，使这里工作、生活的人感觉到人创造的世界与大自然和谐统一。

显然，这种和谐统一的构思已贯穿于阿尔托所有的设计之中，从曲木家具与灯具的有机设计，直到每座建筑与自然环境的和谐结合，都说明了这一点。我们看到阿尔托的城市建筑都能把自然要素融入人工环境，使人工与自然交相辉映，并使建筑形式适应复杂的功能要求。同样，他在乡村的作品，也会使人赞叹他成功地把城市文化融入自然景观。1953年他在莫拉特赛罗岛上为自己建造的夏日别墅就反映了这一思想。这座纯朴风貌的庭院屹立于岩石地基上，就像圣山上的教堂，既不傲气凌人，也没有自谦自卑，而是在人与自然之间架起了一座桥梁。

阿尔托是一位人民的专业建筑师，他从不故弄玄虚，标新立异，他的作品展现了一种现实生活的态度，作为一个有血有肉的人的生活内容，是为人类创造优秀建筑的价值体现。他总是把个人奋斗、爱心、家庭、欢乐与困难时时记在心中。他蔑视一切抽象的"超建筑"（superstructure），先考虑人的需求，其次才是个人的想法，这使阿尔托成为一个卓越的现实主义者。他不相信华丽的辞藻和自以为是的想法，而是要从浪漫和忧郁的情调中解脱出来。他认识到技术的重要性，更着意要利用现代技术积极为人服务，但却从不主观幻想误入歧途，他的创作目的是力求使人返朴归真，他的作品感染力已达到了一种崇高的境界。他对所有理论问题的回答只有一句话，那就是："我在建造"(I build!)。

图3　阿尔托与爱诺·玛西欧，1940

一、大师的历程

1898 年 2 月 3 日阿尔托出生于芬兰的库奥尔塔内 (Kuortana)，1921 年毕业于赫尔辛基的芬兰理工学院建筑系。此后，他曾到瑞典和中欧旅游，参观学习各地建筑。1922 年他在芬兰坦佩雷市 (Tampere)工业展览会上初露头角，虽然他的第一个作品展览亭的造型是模仿自民居形式，但比例恰当，风格宜人，曾得到不少好评。1923年他曾到瑞典哥德堡(Gothenburg)博览会的设计室短期工作。同年他回到芬兰于韦斯屈莱市 (Jyvaskyla) 首次单独开设了建筑事务所。1925年他和爱诺·玛西欧(Aino Marsio)结婚(图3)，后来她一直是阿尔托的主要助手，尤其在以后为阿尔台克(Artek)公司木器家具的设计与生产过程中，她起的作用更大。

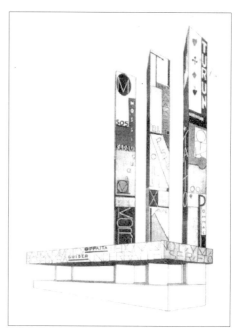

图 4　图尔库建城 700 周年展览会标志

图 5　阿尔托在美国，1948

图 6　阿尔托与埃利莎·玛基尼米，1959

1927 年他移居图尔库(Turku)，1928 年他参加了国际现代建筑协会(CIAM)。1929 年与伯莱格曼(Erik Bryggman)合作设计了朱比利展览会建筑(Jubilee Exhibition)，这是为了庆祝图尔库市建城 700 周年而举办的(图4)。在这次展览会上，阿尔托完全按照新兴的功能主义建筑思潮进行设计，抛弃了过去传统古典风格的一切装饰，使现代建筑风格首次在芬兰得到表现。

20 年代到 30 年代是阿尔托大显身手的时代，他把现代建筑的基本观念结合芬兰的特点加以发展，形成了独特的芬兰现代建筑风格。这种风格具体表现在他的一些代表性作品中，例如维普里①市立图书馆(1930－1935年)，图尔库报社办公楼(1928－1929)，帕米欧结核病疗养院(1929－1933年)，1937年在巴黎和1939年在纽约国际博览会的芬兰馆，努玛库的玛利亚别墅(1938－1939年)，以及山尼拉城的工业建筑和工人住宅区(1936－1939年，1951－1954年)等。

第二次世界大战后的头十年，阿尔托主要从事于祖国的恢复和建设工作。这时期他的代表作品是为拉皮省省会罗瓦涅米市制订的规划总图(1944－1945年)和为拉皮省作的区域规划(1950－1957年)；以及一些有影响的建筑，如全国年金协会大楼(1952－1956年)，珊纳特赛罗市政中心(1950－1951年)和于韦斯屈莱大学建筑群(1952－1957年)等等。

另一方面，他也在国外产生广泛的影响。早在1940年，他就曾被聘为美国麻省理工学院的客座教授(图5)，1947年获美国普林斯顿大学荣誉美术博士学位。1947－1948年他为麻省理工学院设计了著名的学生宿舍贝克大楼(Baker House)。1954年他的作品在瑞士苏黎世举行了展览。

图7　阿尔托在芬兰音乐厅工地上，1971

1949年爱诺·玛西欧去世，这对阿尔托是一个很大损失，不仅在生活上失去了温顺的伴侣，而且在事业上缺少了得力的支柱，因为他的许多设计思路原来都是他俩共同酝酿的，无怪乎在署名时，他总是把爱诺的名字放在前面。1952年他和埃利莎·玛基尼米(Elissa Makiniemi)结婚(图6)。这位女子在建筑系毕业后曾在阿尔托事务所工作。她的才干在后来设计巴黎近郊的路易·卡雷住宅(Maison Louis Carre,1956－1959年)中充分表现了出来。

1953年以后，阿尔托开始了他创作的一个新阶段。这时期的作品，以稳重、素净和变化多端为其特点。著名的例子为中芬兰博物馆(1959－1962年)，阿尔托博物馆(1971－1973年)，威尼斯展览会的芬兰馆(1956年)，靠近伊马特拉(Imatra)的伏克塞涅斯卡教堂(Vuoksenniska Church,1956－1958年)，德国沃尔夫斯堡(Wolfsburg)的沃克斯瓦根文化中心(Volkswagen Culture Centre,1959－1962年)，德国不来梅市的高层公寓大楼(1958－1962年)，亚琛剧院(1959－1980年代)，芬兰理工学院建筑群(1962－1966年)，瑞典乌普萨拉大学(Uppsala University)学生会大楼(1963－1965年)，赫尔辛基的芬兰音乐厅(1967－1971年)等。

图8　阿尔瓦·阿尔托，1972

1955年他成为芬兰科学院院士，1957年他荣获了英国皇家建筑师学会的金质奖章，1963年他又继赖特、格罗皮乌斯、密斯、勒·柯布西耶和小萨里宁之后荣获了美国建筑师学会的金质奖章。1963－1968年他被任命为芬兰科学院院长(图7、图8)。1976年5月11日在赫尔辛基逝世。

---

① 维普里(Viipuri)原属芬兰，1940年划归苏联，改名维堡市(Viborg)，现属俄罗斯。

二、丰富多彩的建筑创作

　　阿尔托早期的建筑成就使他在30年代逐渐蜚声世界，虽然他1928年参加帕米欧疗养院设计竞赛获奖时年仅30岁，而他的人情化思想与新颖的建筑风格，已使他成为一位很有影响的人物，加上他远在芬兰，北欧的风情与浪漫主义更使欧美人具有新鲜感。地方的特色不仅限于建筑，而且在居住区、城市规划，甚至家具和工艺美术品中都可以体现得到。在新时代里，他总是力图将工业化、标准化的生产和传统地方特色相结合，朝着新建筑的方向发展，反映了他的现实主义态度。同时，芬兰优美富绕的自然环境和前辈的优秀建筑曾给他以深刻的影响。西伦(Siren)的议会大厦，林德根(Lindegren)的奥林匹克运动场，埃利尔·萨里宁Eliel Saarinen)的赫尔辛基火车站，都成为他的典范。

　　阿尔托在国际上第一个有影响的作品是1937年在巴黎国际博览会上的芬兰馆(图9)，它堪称

图9　巴黎博览会芬兰馆外观，1937

图10　纽约国际博览会芬兰馆室内设计构思草图，1938

图11　纽约国际博览会芬兰馆室内，1939

是一首木材的诗。当时在博览会上，新古典主义思潮重新抬头，苏联馆带有明显的民族形式，德国馆则以古典复兴式象征国家的壮丽气魄，意大利同样是以新古典建筑作为官方建筑的代表，连一向追求新艺术思潮的法国也不例外，它的展览馆和现代艺术博物馆都在外观上带有巨大的柱廊。唯独芬兰馆与众不同，它以小巧精致、自由典雅的造型，位于一片树荫之中，在阳光炽热的天气，成了特别吸引观众的地方。该馆的柱子都是以几根圆木用藤条绑扎而成，外墙都是用企口木板拼接。展览厅围绕着庭院布置，以便可以使展品取得良好的天然采光。当人们参观过德国和苏联严肃冷酷的展览馆后，倍感芬兰馆的和蔼可亲。芬兰馆的外墙与内部庭院

图12　维普里市立图书馆方案草图，1930

图13　维普里市立图书馆讲堂的波浪形天花，1930－1935

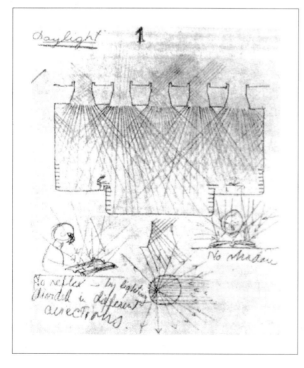

图14　维普里图书馆采光研究草图之一，1930

的墙面都是采用曲折的造型手法，它除了表示追求有机性和蔑视几何规则外，还取得了视觉上的兴奋作用和反映政治自由的象征。1937年，举行纽约的国际博览会芬兰馆设计竞赛时，正值巴黎的芬兰馆完工之际。阿尔托共呈送了两个方案，而他的妻子爱诺在他不知道的情况下又悄悄递交了第三个方案。结果是三个方案都获得了一等奖，自然也就赢得了任务的委托书。阿尔托坚持最后方案不受有关方面的干涉，这一要求被同意了，使他在设计中更具创造性，不仅展厅内部墙体平面弯曲，而且内墙立面上还做成上部向前倾斜，给人以强烈的印象，形成为该项展览会上最大胆的一座建筑(图10、11)。与此类似的，他还在1937年为芬兰北部拉普亚市(Lapue)设计过一座农业展览馆，造型简朴有力，也获得好评。1946年他在海德摩拉(Hedemora)设计的展览馆和1956年在威尼斯双年展上设计的芬兰馆都取得了一定的效果。

　　阿尔托在展览建筑上取得的成就毕竟是短暂的和有限的。一个新的国家需要工厂、住宅、医院、图书馆、办公楼和公共建筑，这是设计的主流，也是建筑师寻求创作机会的所在。阿尔托正是在30年代抓住了机遇，取得了这些方面一系列的成就，奠定了他声

9

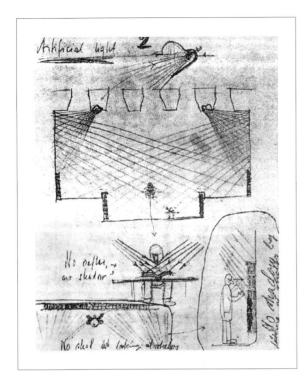

图15　维普里图书馆采光研究草图之二，1930

图16　圣诺马特报社办公楼外观，1928－1929

望的基础。这些成就主要体现在维普里图书馆，图尔库报社办公楼和印刷厂，帕米欧结核病疗养院以及努玛库附近的哈里·古利申夫妇的玛利亚别墅的设计上。

维普里市立图书馆是1927年设计竞赛获胜方案，1930－1935年建造。它的创造性设计构思使附近教堂的神父非常惊讶，以致在相当一段时期内感到烦恼。在房屋建造的8年中，阿尔托逐步使他的方案和建筑细部趋于完善(图12、13)。平面大胆而且清晰，尤其是对天然采光的特殊处理(图14、15)和书架、家具的精心设计更是有独到之处，这对图书馆建筑具有重要的作用。该图书馆最值得注意的特点是它的下沉式无交通干扰的阅览厅，它那独特的、无阴影的天然采光，由穿过天棚顶的圆形采光井隔着玻璃来进行照明。此外，就是有着波浪形木天棚的报告厅，具有着与众不同的造型。从图书馆的平面来看，大体上可以分为两块，一块是为图书馆专业使用的部分，另一块则是报告厅和会议室部分。图书馆功能部分包括一个控制中心，一个大阅览厅，一个儿童阅览室，以及目录厅、开架书库和研究室等。这些空间都可以通过天然光源直接照射在书架上，柔和光线使白色书页不会形成眩光。晚上，人工光源从墙壁上方反射下来，同样是舒适宁静的气氛。和无窗的阅览室部分相反，报告厅则可以透过大片玻璃窗看到周围的公园。用细木条拼成的波浪形天花以及木坐椅、木地板，不仅能取得较好的声学效果，而且表现了尊重自然的本色。遗憾的是这座杰出的建筑已于1943年毁于战火。但是其中一些典型的手法，我们仍然能在阿尔托后来设计的赫尔辛基年金协会的图书馆和于韦斯屈莱大学的图书馆中看到。

　　1928年阿尔托受委托设计图尔库的圣诺马特(Turun－Sanomat)报社办公楼和印刷厂。这是阿尔托一生中第一座理性主义的建筑，也是北欧第一座真正的现代建筑(图16)。为此，他曾申请了一份旅游基金，与妻子爱诺一同前往法国与荷兰考察新建筑。这座建筑在落成之后，其立面酷似当时先锋派人物柯布西耶和密斯的作品。办公楼的基地面向一条传统的城市街道，沿街立面是用钢筋混凝土墙构筑成一个白色的盒子，表面上嵌着几条带状的钢窗，底层是巨大的玻璃橱窗，反映了理性的几何规则。内部办公室和走廊的尺度都很小，这与当时欧洲的水平有关。在这座建筑的地下室部分是报社的印刷车间，钢筋混凝土的无梁楼盖使结构的艺术表现力得到了充分的发挥，

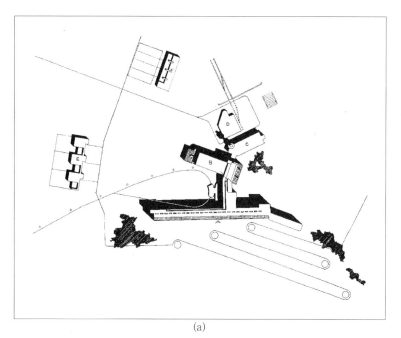

(a)

(b)

图 17　帕米欧疗养院，1929－1933
(a)总平面图　(b)背面外观

图18 萨伏依餐厅室内，1937

它那上大下小富有雕塑性的柱子，和他在维普里图书馆与帕米欧疗养院的设计大异其趣。

帕米欧结核病疗养院是阿尔托1928年设计竞赛获奖的作品，但直到1932年才正式开工。帕米欧离开图尔库不远，是一个小村庄，阿尔托早年的许多时间曾在此从事建筑设计。该疗养院的功能性平面、钢筋混凝土结构以及它那简洁自由的造型，使它不愧为欧洲现代建筑的杰作之一。

疗养院的布局作了精心安排，平面基本上为前面一长条加上后面二短条，中间用通廊连接，各条之间互不平行，表现了功能和自由结合的风格(图17)。前面病房楼是建筑的主体，高七层，后面第二条高四层，第三条只是单层的厨房、锅炉房等附属用房。在建筑造型方面，简洁的外立面与长条的玻璃窗互相呼应，黑色的花岗石基座和白色墙面形成强烈对比，加上玫瑰红的栏板点缀和周围绿化环境的衬托，形成了十分秀丽的画面。的确，帕米欧疗养院以其亲切、明快、自由、活泼的艺术造型和先进功能的处理，形成为现代建筑在30年代出现于芬兰的一朵奇葩，它香馥万里，声誉长传。

在30年代，阿尔托的一位重要客户是古利申夫人，1937年她曾邀请阿尔托设计了萨伏依餐厅。它位于赫尔辛基一座新建办公楼的顶层，前面有一个俯瞰广场的平台。该建筑室内设计简洁别致，并布置着阿尔托自己刚刚投入生产的木器家具，使它成为一处最赏心悦目的环境(图18)。

1937－1938年他为古利申夫妇所作的玛利亚别墅位于努玛库的原野上，距赫尔辛基西北约100英里。在那里，人们能够见到不同时代建造的三座别墅，每座建造的时间大约相隔30年左右，它们都是当时建筑风格的忠实体现者，也是阿尔斯特罗姆家族的纪念碑，它体现了三代人的业绩。这个家族现拥有芬兰的大量矿藏、森林木材、水力资源和船坞、玻璃厂、木夹板厂、造纸厂、塑料厂以及化学品厂，所有这些都是在19世纪中叶才开始发展起来的。最后建造的这座别墅成为第三代的标志，它是由瓦特·阿尔斯特罗姆的女儿玛利亚·古利申建造的。玛利亚坚持要造一座符合时代特色和自己口味的住宅，就像她的父亲和祖父那样。玛利亚·古利申是一位很有才干的女性，她年轻的时代曾决心献身艺术，到巴黎学习过绘画，并且游历了欧洲和地中海的许多地方。但她的成就，却是创建了阿尔台克公司(Artek Company)。该公司以生产和向世界推销阿尔托设计的白桦木夹板式家具而最为著名。同样著名的是它经销油漆和从事工业设计。

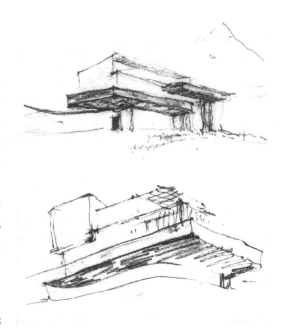

图19 玛利亚别墅构思草图，1938

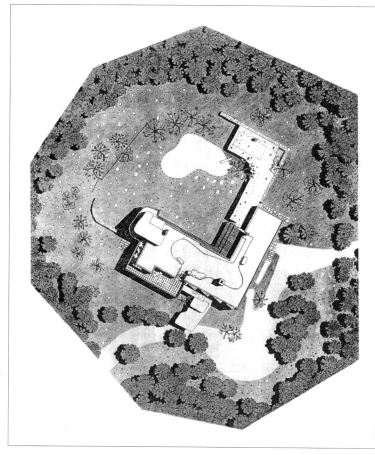

图20　玛利亚别墅总平面图，1938－1939

阿尔托创作的这座玛利亚别墅是当代最出色的住宅之一，它可以和赖特的流水别墅、柯布西耶的萨伏伊别墅、密斯的吐根哈特住宅相媲美。

玛利亚别墅是一处宁静优美的场所，适合于人的生活需要(图19－21)。在这座建筑中精心安排了起居和服务空间，体现了对私密性的考虑。虽然底层起居室仅仅是一个单一的连续开敞空间，但进一步在室内布置上却分解为一个围绕传统芬兰式壁炉的高起地面，和一个有大玻璃窗的休息空间。紧靠着起居室的是餐厅和服务用房，所有居室都安排在楼上。建筑的内外基本上都是用当地木材建造，直条板的外墙和条形板的天花更是具有鲜明特色。用来支撑结构的独立柱子，靠近人的部分外包了藤条，表现亲近自然的倾向，它和室外庭园相映成趣，加上庭园里的曲线水池更增加了自由浪漫的情调，直到今天仍给人以新鲜感。

正是维普里图书馆、图尔库报社大楼、帕米欧疗养院和玛利亚别墅这四座建筑的落成，使得阿尔托的天才世人皆知。

＊　　　　＊　　　　＊

阿尔托在30年代的建筑作品更多地是集中在工业建筑和职工宿舍方面，在第二次大战后的重建时期也是如此。他在工业建筑方面的典型例子是位于芬兰海峡的山尼拉(Sunila)纤维素工厂的设计，同样也表现了他出众的才华。山尼拉是一个巨大的工业区，具有联合企业的性质，主要功能是将木材加工、切割、粉碎、制浆，与此相配套的是一片广阔的工人居住区随之诞生。

图21　玛利亚别墅外观，1938－1939

13

图22　山尼拉纤维素工厂外观，1936－1954

图23　山尼拉纤维素工厂职工住宅外观，1936－1954

图24　阿尔托所做的实验性城镇规划，1941

阿尔托在此设计了工厂的全部流水线和厂房，使芬兰东北部从水运来的木材在这里集中，接着分送到高度流水化的工业生产流线上去，最后得出的产品是木板和纤维板，然后被送到停泊在货栈旁边的货船上。芬兰的工业可以用一个词来概括，那就是植物纤维工业。这个行业很脏，它会污染美丽的湖泊和天空，阿尔托在设计中总是把对环境的负面影响减少到最低限度。山尼拉的工程建设从1936年开工，一直持续到1939年。第二期工程于1951年开始，到1954年结束。阿尔托设计了主要的厂房和职工、行政人员宿舍，工厂是布置在花岗岩的山坡上，不仅充分利用了地形，使建筑造型错落有致，而且也符合工业厂房的流程需要(图22)。山上的松林间规划了生活区，这里有各种形式的住宅和公共福利设施(图23)，俨然如同一座社区中心。

　　山尼拉的厂区既考虑了工艺流程的需要，也注意到造型的艺术效果。沿海码头与仓库的一长条水平白色带和后面的深色工厂、烟囱形成强烈的对比，使得一向被人们感觉是沉重的形象变得轻松活泼了。尤其是仓库与工厂都充分利用了原有花岗岩的自然形体作为建筑物的基座，它对于技术、经济与艺术形象都取得了积极的作用。相对而言，阿尔托所作的其他一些工业建筑则趣味较少，甚至根本没发表过。在1930－1931年间，他曾设计过托皮拉(Toppila)的纤维素厂，该厂曾预示了一些山尼拉后来工业建筑的特点。此后他还设计了埃耶拉(Anjala)造纸厂(1945年)，瓦考斯(Varkaus)的锯材厂(1945－1946年)，以及卡尔胡拉(Karhula)的玻璃制品仓库(1949年)等等。

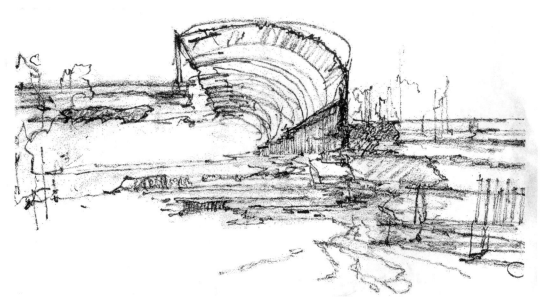

图25　芬兰理工学院主楼方案草图之一，1961

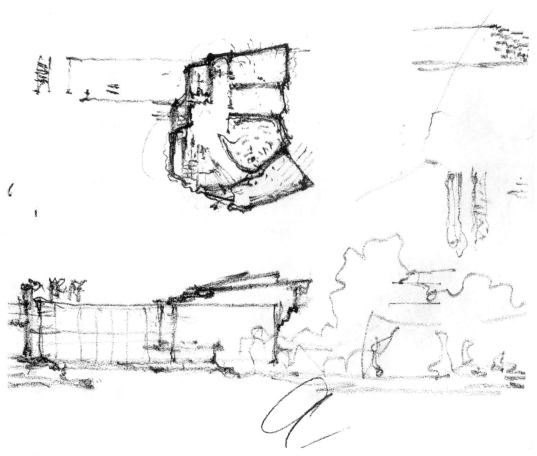

图26　芬兰理工学院主楼方案草图之二，1961

图 27　芬兰理工学院主楼外观，1961－1964

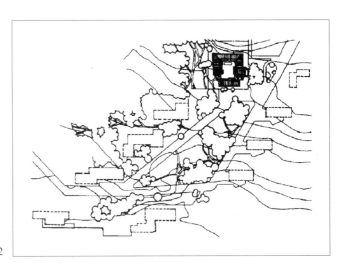

图 28　珊纳特赛罗城镇总平面，1949－1952

图 29　珊纳特赛罗市政厅外观，1949－1952

就在一座座工业建筑从阿尔托事务所诞生的同时，他逐渐把注意力集中到这些新工业区的综合设计上。他发现，对建筑师具挑战意义的不仅仅是为生产过程提供一个建筑的外壳，而是完整的城市环境，以及人情化与技术要求的和谐问题。在后来阿尔托事务所中所作出的奥坦尼米（Otaniemi）、尼拉山宁（Nynashamnin）、奥卢（Oulu）和伊马特拉（Imatra）等工业城镇的规划中，绝不仅仅是工业总图的布置，而是一座完整的城镇综合设计。同样，奥坦尼米的芬兰理工学院、奥卢工学院以及于韦斯屈莱大学的规划设计也都体现了整体与单体的综合考虑。

＊　　　　　　＊　　　　　　＊　　　　　　＊

　　第二次世界大战刚刚结束，各国为了恢复国民经济与城市建设，大规模的居住区建设已提到议事日程上来了，尤其在德国和美国，工业化的生产已成为社会潮流，它可以提高速度和降低成本。而阿尔托则有着与众不同的见解，他不赞成大批量定型化生产，而是倾向于强调个人、家庭和有机的社区设计，这种人文思想最先在山尼拉居住区中得到了充分的阐明。1941年当芬兰与苏联签订和约之后，大约芬兰有五分之一的总人口需要重新安置，这给芬兰不仅带来了空前的压力，而且也促使了芬兰建筑事业与居住建筑得到了大力发展。为了使新建的住宅能够适应不断发展的生活需求，阿尔托提出了"生长的住宅"(the growing house)的新概念，可便于以后的改扩建工作。这种生物学概念的提出，为预制件的利用提供了更好的建造机会。阿尔托认为三分之二的住宅单元应由预制构件完成，另外三分之一可以由工人按设计建造，这样既可提高效率，又不致于千篇一律。为此，1941年他曾做了一个实验性城镇的规划方案(图24)，表明了居住区与社区中心的关系，这种方案对战后许多新城的规划都具有一定的启示作用。

　　阿尔托对芬兰的地质地貌了如指掌，丘陵的岩石地，既给建设带来不便，同时也给建筑师提供了创作的良机，可以使特殊的环境变得更为生动活泼。山尼拉城所作的示范在后来几座新城中也同样得到证实，它反映了人们尊重自然、利用自然、适应自然的思想。在1940年拉皮省首府罗瓦涅米市（Rovaniemi）的规划设计中，阿尔托就应用了上述规划的原则，这可能是他的第一个战后规划。而他这种综合规划思想的真正实现还是在50年代中期芬兰的第一座花园城市托皮拉（Topila）的建设中才成为可能。

　　阿尔托最具代表性的大型规划设计是赫尔辛基郊区奥坦尼米城的芬兰理工学院设计竞赛中选方案(1949－1955年)。他在芬兰海岸起伏的基地上，使建筑群整体融入自然的环境之中(图25－27)，取得了天人合一的效果，成为典型芬兰式的社区。在奥卢城的规划设计中，他还把海湾部分填成一系列浅浅的湖泊，使市中心取得了一片优美的水景，成为该市的一大特色。

　　离中芬兰主要城市于韦斯屈莱不远的小型工业城镇珊纳特赛罗的规划(图28)，是1942－1946年重建期间进行的，后来于1949－1952年在那里设计了著名的市政中心。这是阿尔托在"红色时期"的代表作品。由于受战争的影响，阿尔托在40年代中作品寥寥，比较重要的是几个规划和"贝克"大楼，但从40年代末起，他开始进入一个新的黄金时代，设计竞赛频频获第一名，命中率几乎100%，使他10余年所蓄之热能如决堤之洪水奔泻而出，而珊纳特赛罗市政中心无疑是其中闪耀的一颗明星(图29)。无论从哪个方面来讲，珊纳特赛罗都是一个"新城"，它是从周围森林中开发出来的，以容纳3000居民，它的经济基础是典型芬兰式的企业——一个夹板厂。各种等级的居住形式及其紧凑的布局严格遵守了阿尔托的重建原则，使其安置在配合自然特色的环境中。它适应等高线的要求，有良好的日照，以及能获得最佳的景观。这里有各种各样的小型别墅，也有简单的连排式公寓和公共性建筑，使这座新城变成了典型的山林化城市。

　　阿尔托在重建时期的最后一个城市规划方案是伊马特拉（Imatra）的规划设计。伊马特拉位于芬兰的最东端，由于沃克西河（Vuoksi）东岸在战后割让给了前苏联，使得这个城市需要重新建造

图 30　伏克塞涅斯卡教堂外观，1956 - 1959

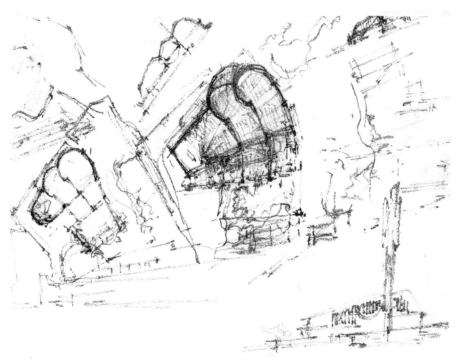

图 31　伏克塞涅斯卡教堂方案草图，1956

纤维素工厂。阿尔托考虑到原有城市的现状，便将15英里长的区域结合起来进行统一规划。在此区域内包括八个独立社区，每一个社区都有一个工业中心，一个居住区以及与之相配套的社区公共设施，著名的伏克塞涅斯卡教堂就是其中之一(图30、31)。为了将整个区域结合在一起，阿尔托规划了一条新的高速公路，并设计了一个全新的市中心，它那以汽车尺度来规划的社区，对美国特别有借鉴意义。它的每一个独立社区都有其良好的自然环境，充分利用了地形、森林、湖泊和河岸来作为建筑群的背景，伊马特拉与其说是一座城镇，还不如说是一块"城市田野"。它和奥卢城的规划、奥坦尼米的校园规划都具有类似的性质。在战后的几十年中，欧美规划的许多居住区，大部分都是为解决临时需要匆忙建设，它们无视城市文化、教育、精神、物质各方面高标准的需要，等到将来就会明白阿尔托在这些规划中的用心了。

　　　　*　　　　　　　*　　　　　　　*　　　　　　　*

　　二次大战后的芬兰，这个北欧的边陲国家，它唯一重要的邻国是前苏联，芬兰40%的贸易都是同它进行的，当然在政治上也受到了它一定的限制，但是芬兰仍然在力图谋求恢复西方的传统。阿尔托的建筑就带有西方传统的色彩，既保持着芬兰的民族文化，又因为他曾客居美国而受到了一定的影响。阿尔托在当时就像芬兰著名作曲家西贝柳斯(Sibelius)一样，成为一位国际名人，受到了世界的尊重。1940年他被美国麻省理工学院聘为教授，并曾到普林斯顿大学讲学，著名的贝克大楼就是他留在麻省理工学院校园内的纪念碑(图32)。这座红砖墙面的宿舍大楼

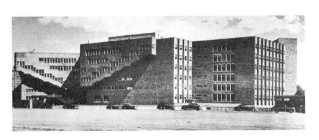

图32　美国麻省理工学院贝克大楼背立面，1947－1948

以其弯曲的体型使当时国际式先锋派的建筑师们迷惑不解，因为他采用的是北欧浪漫主义的手法，使其成为与众不同的个人标志。其实，阿尔托在美国任教时，他的英语并不好，仅仅只有300个词汇量，他是凭着自己的实力和独特的见解而征服美国建筑界的。此后，他的国际交往逐渐增多，曾先后在德国、瑞士、瑞典、丹麦、冰岛、意大利、法国的设计竞赛中频频获奖，而且实际工程也不断接踵而来，比较著名的有：柏林的汉莎公寓楼(1955－1957年，图33)，不来梅市的高层公寓大楼(1958－1962年，图34－36)，沃尔夫斯堡的文化中心(图37－39)与教区中心(1959－1963年)，亚琛剧院(1958－1980年)；瑞士卢塞恩的高层公寓(1965－1968年，图40)；瑞典的乌普萨拉学生会大楼(1963－1965年，图41－43)；意大利的里奥拉教区中心(1966－1976年，图44)；冰岛的斯堪的纳维亚厅(1962－1968年，图45)；巴黎的卡雷住宅(1956－1959年，图46－47)等等。

　　其中卡雷住宅与柯布西耶的萨伏伊别墅都位于巴黎近郊伊尔·法兰西平坦的草原上。这两座建筑亦各是两位大师重要的作品之一，但二者从构思到建筑都有很大不同，反映了两人对现代建筑的不同理解。卡雷住宅似乎与阿尔托以前的建筑风格略有不同，主要构图以直线与斜线为基

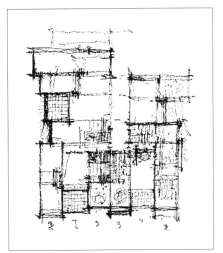

图33　柏林汉莎公寓楼平面草图，1955

19

调，表现了构成派体积组合的特点，这是因为其造型凝聚了阿尔托和她第二个妻子埃利莎二人共同的智慧，尤其是埃利莎的构思在这里得到了更多的反映。虽然它与同时进行创作的伏克塞涅斯卡教堂的外形大异其趣，而其内部基本空间的构成方法仍然是相同的，都是以大空间为中心。此外，不来梅高层公寓大楼和沃尔夫斯堡文化中心的平面与造型均借鉴了仿生建筑学原理，隐喻着蝴蝶展翅，同时又继续结合着他惯用的浪

图 34　不来梅市高层公寓大楼外观，1958－1962

图 35　不来梅公寓大楼方案草图之一，1952

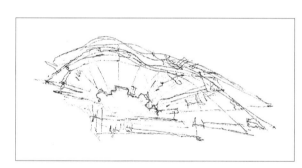

图 36　不来梅公寓大楼方案草图之二，1952

图 37　沃尔夫斯堡文化中心外观，1959－1963

漫造型手法，使得这二个作品在平面与外观上均具有显著的特色。不来梅高层公寓平面作扇形放射状，使每户对外的展开面扩大，增加了阳台和窗子的面积，开阔了视野，与此同时也可减少走道和服务性面积。沃尔夫斯堡的文化中心是阿尔托晚期的另一著名作品。平面布置曲折变化，基本处理成集中式，入口在东面靠广场的一边，与市政厅遥遥相对。进入内部二层有一个庭院，建筑外观造型高低起伏，简洁明快，上下两层构图虚实对比，外墙上部还特别设计了条状装饰，形成活泼气氛，使内外空间相互呼应，表现了阿尔托的另一新手法。

　　阿尔托在战后的主要精力还是集中在芬兰国内的建设上，为了适应当时材料供应的紧缺，他的建筑大部分都是采用当地的红砖材料饰面和铜皮屋顶，既具有浓厚的乡土特色，又使得传统建筑风格获得了现代的手法，这时我们可以看得出，他已明显转变了早期追求现代派纯理性的白色建筑风格。阿尔托在战后完成了第一个著名的作品珊纳特赛罗的总体规划与市政中心建设之后，他比较有

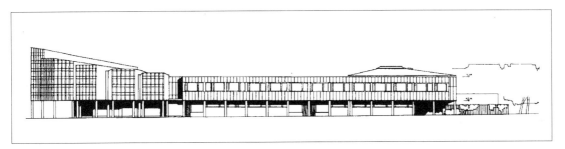

图 38 沃尔夫斯堡文化中心北立面图，1959 - 1963

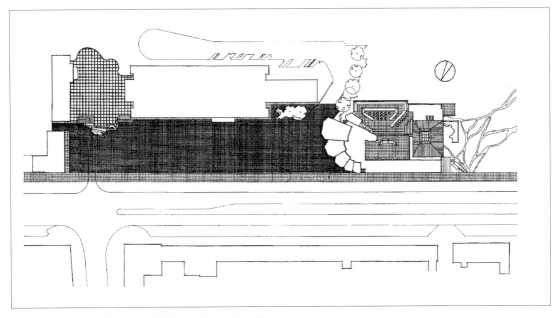

图 39 沃尔夫斯堡文化中心与广场总平面图，1959 - 1963

图 41 乌普萨拉学生会大楼外观，1963 - 1965

图 40 卢塞恩高层公寓大楼侧面外观，1965 - 1968

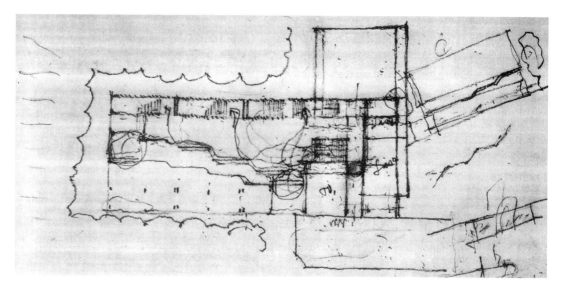

图42　乌普萨拉学生会大楼平面草图，1963

图43　乌普萨拉学生会大楼外观草图，1963

图 44　里奥拉教区中心外观，1966－1976

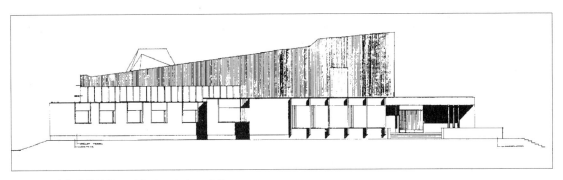

图 45　冰岛斯堪的纳维亚厅立面、1965－1968

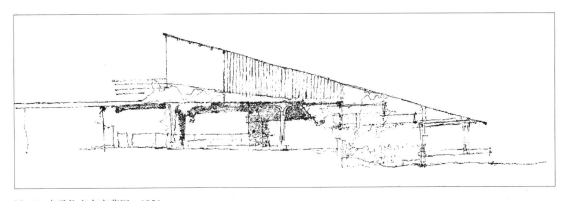

图 46　卡雷住宅方案草图，1956

图 47　卡雷住宅外观·1956－1959

图48 芬兰年金协会外观，1952－1956

图49 于韦斯屈莱大学建筑群外观，1953－1975

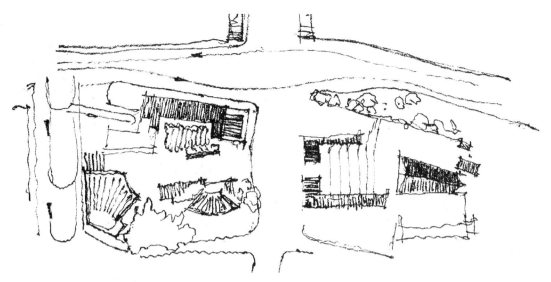

图 50　塞奈约基市中心总平面草图，1958

图 51　塞奈约基市中心外观，1958－1965

图 52　赫尔辛基阿尔托住宅外观，1934－1936

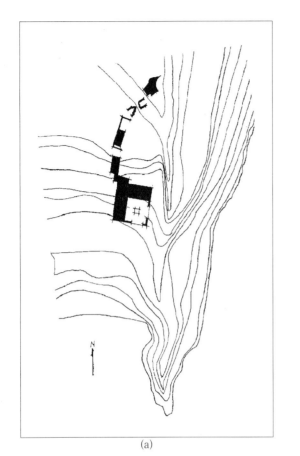

(a)

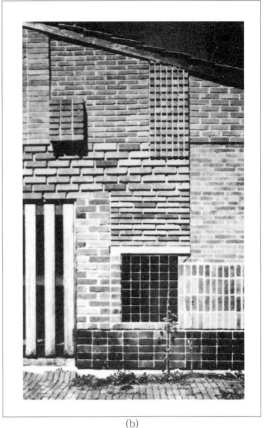

(b)

图53 阿尔托夏季别墅，1953 (a)总平面 (b)试验性墙面的图案

图54 阿尔托建筑事务所立面，1955

图55 芬兰音乐厅外观，1967－1971

26

图 56　芬兰音乐厅休息厅

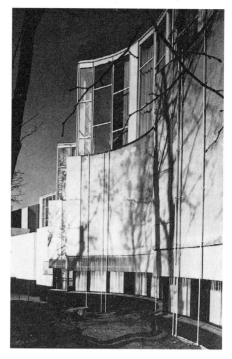

图 57　芬兰音乐厅会议楼外观

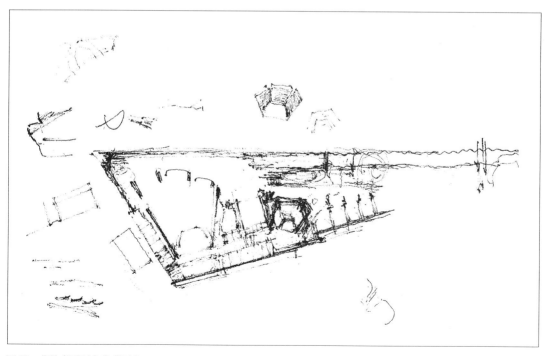

图 58　芬兰音乐厅方案草图之一，1967

图 59　芬兰音乐厅方案草图之二，1967

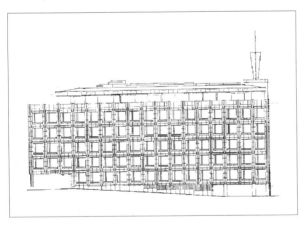

图 60　恩索·古特蔡特公司总部大楼
　　　立面，1959－1962

图 61　赫尔辛基斯堪的纳维亚银行办公楼
　　　外观，1962－1964

代表性的作品是赫尔辛基的芬兰年金协会大楼(1952－1956年，图48)，赫尔辛基文化宫(1955－1958年)，于韦斯屈莱大学的规划设计(1952－1957年，图49)，塞奈约基市中心规划设计(1958－1965年，图50、51)等等。尽管这些建筑外表都很朴实，而其符合芬兰当时当地的特点却反映了现实主义的精神。除了上述的年金协会大楼和文化宫之外，另外几组建筑群都与环境融成一体，它的尺度、组合、目标、手法都是人情的演化，因此，它创造了一个真实而又独特的世界，也是一个自然有机的世界，这个世界的新奇令人们喜欢，但又一点不露人工的痕迹。

随着阿尔托事业的发展，他曾先后为自己建造过三处房子，同时也反映了他建筑思想的成熟过程。最早的一处是1935－1936年在赫尔辛基郊区曼基涅米建的私人住宅(图52)，表现了典型芬兰乡村别墅的特点。第二处是1953年在莫拉特赛罗岛上建造的夏季别墅(图53)，它是实验性墙面处理的样品，各种砖砌墙面犹如马赛克的拼砌图案。第三处是1955年建造的赫尔辛基私人事务所，这是一座二层小楼(图54)，带有开敞的庭院，平面自由的布局获得了宁静自然的氛围，也形成了他建筑性格的标志。

从50年代末开始，由于经济的恢复，建筑材料与技术的发展，阿尔托的建筑风格又转向了第二白色时期，他以抽象的自由体型表现了他成熟、稳重、求新的性格，伏克塞涅斯卡教堂和赫尔辛基芬兰音乐厅(图55－59)等等都是杰出的例子。这里特别值得提出的是伏克塞涅斯卡教堂，它是伊玛特拉地区三座主要教堂之一。由于教堂正好处于该地区最北部的工业区中心，所以除了作为礼拜场所之外，还用于各种社会活动。建筑的造型充满着雕塑感，室内空间自由流动，把过去曾经在维普里图书馆中应用过的手法发展到了新的高潮。其隐喻的意境往往会使人联想到勒·柯布西耶的朗香教堂，虽然二者在空间处理上有某些相似之处，但是他们两人对空间的理解是大异其趣的。对柯布西耶而言，空间是一种抽象的概念，可以隐喻某种思想；而对阿尔托来说，空间就是以人为中心的环境，正如他所说："建筑，这个实际的东西，只有当我们以人为中心时才能悟知。"他在浪漫主义的基础上已将建筑升华为一种实用的雕塑艺术，既有功能作用，又能令人赏心悦目，这正是其价值所在。芬兰音乐厅作为他晚期的另一重要作品，在体型上则又有所创新，外形上片断组合的风格派手法和抽象体积组合的立体派手法在这里融合成了一支新的凝固乐章，更强调了隐喻音乐厅的性格。

与此同时，阿尔托也因地制宜在城市主要街道上的建筑采用了完全不同的手法，以适应商业和街景的需要，例如他在赫尔辛基所作的拉塔塔罗商业办公大楼(1953－1955年)，恩索·古特蔡特公司总部大楼(1959－1962年，图60)，斯堪的纳维亚银行办公楼(1962－1964年，图61)与学术书店(1966－1969年)就是全部采用框架的格子式立面建筑，成了密斯风格的再现。由此 看来，阿尔托所作的建筑是结合环境的建筑，是负责任的建筑，而不是傲慢的建筑。

三、探求现代建筑的民族化与人情化

阿尔托从一开始接受现代建筑思潮起，他就反对那种千篇一律的方盒子倾向，他的建筑功能灵活，使用方便，结构巧妙地化为精致装饰，造型艺术温文尔雅，空间处理自由活泼且有动态，使人感到空间不仅是简单地流动，而是在不断地延伸、增长和变化。阿尔托对自然的热爱，使他的建筑具有纯朴的风格。他的建筑不是大地的领主，而是和自然融为一体，他的造型词汇就是自然风景的直接反映。概括一句话，阿尔托是在探索民族化与人情化的现代建筑道路。

历史告诉我们，阿尔托生活的年代是坎坷不平的，他的祖国曾多次受到折磨，因此他具有坚韧强烈的民族自尊心。芬兰在中古时代曾隶属于瑞典700多年，1809年又成为俄罗斯附属的大公国，直到俄国十月革命以后，芬兰才正式在1917年12月6日独立。 祖国的新生不能不使每个芬兰的儿女感到自豪，他们高涨的民族意识渗透到了经济与文化的各个领域，工农业生产开始蓬勃发展。

1939－1940年，芬兰与前苏联发生了"冬季战争"，在这次战争中芬兰失去了南方富庶的卡累利阿省(Karelia)。第二次世界大战后期，在前苏联的"追击战"中，芬兰又失去了北方领土佩萨莫地区(Petsamo)和北方的出海口。两次领土的割让，给芬兰带来了严重的后果，富饶资源丧失，大批人口需要重新安置，使这个年青的国家遭到了空前的灾难。阿尔托面对着社会的这一现实，不能不使他日夜考虑祖国对建筑师的期望。他必须致力于祖国的恢复和建设，必须解决人民的生活和居住问题。

阿尔托对建筑人情化的探求是由来已久的。他本人的性格就温厚寡言，坚韧豪放。作为一个建筑师，他的宗旨就是要为人们谋取舒适的环境，不论是民用建筑还是工业建筑，都不放弃这一人道主义原则。他认为工业化与标准化都必须为人的生活服务，必须要适应人们的精神要求。阿尔托曾经说过："标准化并不是意味着所有的房屋都一模一样。标准化主要是作为一种生产灵活体系的手段，用它来适应各种家庭对不同房屋的需求，并能适应不同地形的位置，不同的朝向，景色等等。"[1] 1940年阿尔托在美国麻省理工学院讲学时曾重点阐述过建筑人情化的观点。他说："现代建筑在过去的一个阶段中，错误不在于理性化本身，而在于理性化的不够深入。现代建筑的最新课题是要使理性化的方法突破技术范畴而进入人情和心理的领域。……目前的建筑情况，无疑是新的，它以解决人情和心理的问题为目标"。[2]

阿尔托对建筑人情化的表达方式是全面的，从总体环境的考虑，单体建筑的设计，一直到细部、装修、家具，都考虑到人的舒适感，它包括了物质的享受和美学的要求。

阿尔托对建筑人情化的处理手法丰富多样，归纳起来，主要有下列几种：

环境柔化是阿尔托惯用的手法，包括室内、室外都处理自如。室内层高根据房间使用功能的需要而各不相同，内部装修柔和亲切，多以木板做天花、墙裙、地板，金属柱子上有时缠以藤条，或以木材饰面，甚至连门把手、门窗线脚、灯具、家具都考虑到使用和视感的舒适。公共活动部分和楼梯旁常用植物攀缘，间或做有花池，柔和内部环境。建筑外形尽量与环境相协调，利用自然地形与绿化条件，使人工创作与天然景色相得益彰。这类手法可以在玛利亚别墅和珊纳特赛罗市政中心的建筑群中看到。

波形面是阿尔托设计手法的一大特征。从维普里市立图书馆的波浪形天花，1939年纽约博览会芬兰馆的波形墙，直到麻省理工学院贝克大楼的蜿蜒体型，都反映了他使用这种手法时所考虑的功能因素，同时也为建筑艺术塑造了新的空间形式，产生了动态感，犹如巴洛克建筑手法的再现，隐喻着自由、奔放的性格。

连续空间在住宅与公共建筑内用得很多。它是"流动空间"的进一步发展。空间的划分往往只是象征，没有隔断，用地面不同的标高，或在同一地坪用不同的材料，或用透空的长条楼梯栏杆区分各部分的不同性质。这类连续空间的处理，在维普里市立图书馆和玛利亚别墅中表现得非常清楚。有时也把内部空间做得极其复杂而且混混不清，使人感到空间像在变化与增长，表达了四度空间(三度空间加时间)的新概念。这种概念或许与立体主义有血缘关系。比较有代表性的例子如伏克塞涅斯卡教堂和卡雷住宅。

---

① 引自 Frederick Gutheim：《Alvar Aalto》，The Mayflower Publishing Co. Ltd. London, 1960. P.18

② 引自《Architectural Forum》，Dec. 1940，"Humane Architecture"

光可以使内部空间产生奇异的效果。阿尔托是善于应用光的大师，他创造性地应用了天窗采光的手法，均匀漫射的天然光使室内环境显得比较柔和。在维普里市立图书馆的阅览室，赫尔辛基年金协会的图书室，以及其他一些公共建筑的门厅等处都使用过。后来也曾应用多变的高侧窗采光，使光线互相交叉折射，产生片断的抽象光感，形成"塞尚"手法。例如在一些博物馆及文化中心等处即可见到。这些经验往往被后现代建筑师所借鉴，并进一步有所发展。

对比与协调的有机结合可以使建筑中的矛盾得到统一，达到强烈效果。阿尔托常应用两种不同性质的材料组合在一起，取其质地的对比，并以柔和的内部空间和外部环境取得协调。例如于韦斯屈莱大学教育学院的教学楼下层用砖墙，上层全用钢结构和大玻璃窗。许多建筑内部有时故意采用清水砖墙不加粉刷，和细腻的装修形成对比，内部空间和外部造型也能形成对比协调的效果。阿尔托有的作品内部空间非常复杂，但外部又需满足基本的防水防寒要求，因此外部造型与内部空间互不相干，互不制约，这种手法在伏克塞涅斯卡教堂中表现得非常明显。形式可以不反映内部空间，各自按需要设计，最后用屋顶和墙体把它们统一起来，这正为后现代主义的创作开辟了先例。

片断组合的手法在阿尔托后期建筑作品中应用较多。它是力图把建筑的总体量表现为若干互不联系的片断，来取得某种变异的秩序，反映建筑的空间是由许多平面或实体所构成，隐喻着建筑发展的观点。这种手法或许受荷兰风格派和法国印象派的影响。具体例子如赫尔辛基芬兰音乐厅，伏克塞涅斯卡教堂，卡雷住宅等均是。

四、文化思想的源泉

有人猜想阿尔托建筑艺术的雕塑性可能是受勒·柯布西耶的影响，他主张的有机性可能是受赖特的影响。从表面上看，这种说法似乎有点道理，然而阿尔托本人从来就不同意。如果我们因此而误解他为傲慢，那就失之偏颇了。因为阿尔托在圣诺马特报社地下印刷车间所创造的上粗下细的柱子要比赖特的约翰逊制蜡公司蘑菇柱的出现早6年。他在维普里图书馆讲堂天花上应用的波浪形雕塑手法要比柯布西耶的朗香教堂塑性造型早十几年。当然，这里并不存在谁学谁的问题。其实，建筑艺术的语言都是在先辈经验的基础上发展和提高而来的，结果都可能会产生异曲同工之意境。

对阿尔托来说，他并不回避谈论"影响"，但他认为对他文化思想与创作构思影响较深的并不是同辈的建筑师，而是他先辈的精神和芬兰的山林环境。他想象的是一种没有风格的建筑，建筑仅由其使用者的特殊要求、建筑基地条件、可用的材料和经济因素来决定。他在1941年写的"关于卡累利阿建筑"的文章中表达了这种理想。

事实上，这种百分之百功能化的建筑几乎不可能在现实中存在。但对阿尔托来说，那是一个现代建筑应该追求的目标，他自己绝对信奉这个目标。阿尔托把自己的职业看作是向社会负责的工作，非常注重一般规则的应用和艺术技巧的提高，他把建筑师的艺术技巧看成是等同于医生和厨师的艺术，也是一种基于艺术知识的人文活动，这种活动需要有创造性的人来完成。

阿尔托这种文化思想的形成是和他成长的背景分不开的，概括而言，对他影响较大的有三方面因素：即他的外祖父、父亲和于韦斯屈莱家庭共同生活的成员和朋友。

阿尔瓦·阿尔托的外祖父名叫哈克斯德特（Hago Hamilkar Hackstedt），他生于1837年，曾在波尔沃（Porvoo）古典书院学习，毕业后当了一名高级林业工作者，在退休前一直是伊伏(Evo)森林学院的教师。阿尔托喜欢谈他小时候到伊伏看外祖父的情景。当一个身穿制服的人乘着雪橇到车站接他，并一路护送到森林学院的沿途情景始终给他留下深刻的印象。对阿尔托来说，那是一个可以了解幽深森林的绝妙之地。

芬兰19世纪的文化，虽受有瑞典和俄国的影响，但在某种程度上仍保持着其自身的传统。当时在瑞典，浪漫主义、工业化和科学自然主义特别时髦。从任何方面看，哈克斯德特都是将人文科学和自然科学结合的知识分子，具有新潮的社会思想。他了解他的阶层，发明了有用的机械装置，设计过工业建筑，以便促进国家经济工作的发展。他在伊伏森林学院教狩猎、数学和森林学。他的两项发明在当时曾引起轰动。其一是为俄国军队设计的一门大炮；另一项是一台缝纫机，它由跑动的狗来驱动。

哈克斯德特不仅教育他的儿子要继承父业，而且也教育他的女儿们要学习社会科学和自然科学。他共有三个女儿，第二个女儿叫塞尔玛(Selma)，后来同测量员J.H.阿尔托结了婚，这就是阿尔瓦·阿尔托的父母。阿尔托的父亲把护林员的传统同测量专业结合了起来，为芬兰森林业的发展做出了积极的贡献。但是塞尔玛死于1906年，当时阿尔托和他的两个哥哥、一个弟弟都还很小，于是他的父亲又同塞尔玛的妹妹弗洛拉(Flora)结婚，使他们重新获得了一个温馨的家。也许是受他母亲的影响，阿尔托从年轻时代起就很喜欢阅读法国作家和哲学家的作品，尤其是对于启蒙主义的思想更是情有独钟，这对后来阿尔托建筑的创新与自由设计具有很大的启示。

阿尔托母亲的姊姊海尔米(Helmi)，一直是单身女教师，也是19世纪少数几个女大学毕业生之一。她在于韦斯屈莱女子学校教植物学和动物学，她自己养一条猎狗，因为她喜欢像男人一样打猎。表面上看她粗暴严肃，实际上她充满着对学生们的爱，她曾用自己的存款买了一幢小别墅供生活困难的学生居住。

在性格上，阿尔瓦·阿尔托同外祖父有点相像，有一种随机应变的能力，易于和人接近。更重要的是，像他外祖父一样，在他身上融合了当时文化中越来越稀有的技术性、科学性和人文精神。他认为人和自然本质上是统一的，应向启蒙运动时代回归，对于发展持一种乐观态度。这种态度同20世纪初期头十年中的悲观主义大相径庭，却超前地同20年代的社会激进主义相吻合。哈克斯德特家族说瑞典语，通过这一点，阿尔托分享了丰富的斯堪的纳维亚传统，并使他超越了狭隘的芬兰民族主义思想。

阿尔托的父亲对他的影响也同样大。这个严谨勤劳的测量员是一个面粉厂主的儿子，也是自由民的第一代。正是由于这个原因，他对阶层很敏感，从而便成了他对个人风格的追求。他平时大步走路的气势就像个"元帅"，阿尔托在小的时候也模仿他。1916年，阿尔托刚刚到赫尔辛基去上学，在于韦斯屈莱码头上船时，他的父亲说了一句他永远不会忘记的话："阿尔瓦，永远做一个绅士！"

在今天，绅士这个词可能会被误解，但对阿尔托的父亲来说，一个绅士并不比低阶层人物高级。相反，是因其职业能力而需要为公众服务，需要为他的国家服务，而不论在什么样的地位上，例如医生、牧师、律师以及各种专门人才。他父亲和同事的白色办公室，在阿尔托幼小的心灵中已成为对公众事业负责的象征。阿尔托小的时候常常在白桌子下玩耍，在他父亲身边画他那孩子气的画。当他长大了，白桌子也成了他的工作台，同他父亲平起平坐了。正是从这里他获得了最初的建筑概念。像测量工程师一样，他知道一名建筑师的工作也是一种基于技术知识和创造性能力融合的人文活动。

由于他的父亲是一名公职人员，他不用为生活经费而担忧。J.H.阿尔托对那些贪婪好钱的人很蔑视。如果有朋友因缺钱而需要借钱时，他总是毫不犹豫地答应，或者为他担保。当阿尔托还是孩子的时候，就已经受到了影响。在后来阿尔托大半辈子中几乎都经常和欠条、借条、税务官打交道。

虽然对钱的超越态度对作为建筑师的阿尔托来说并不重要，然而这却是他在事业中的宝贵品质，他在工作中主要是为事业而奋斗，为了追求创作的自由，而不是单纯为了追求金钱的收入。正因为如此，有人认为他是玩世不恭，其实，他所取得的社会成就已是对他精神的最大补偿。他认为建筑的作品要依赖于客户的信任和投资者的意愿，如果只是追求个人的收益，那就是一个唯利是图的商人。

当阿尔托还是学生的时候，他经常在暑假同父亲一起到野外测量，他标出过铁路的走向，也勘测过大森林的范围和海岸的位置。后来他在建筑设计中常常出现的曲线，这就是对芬兰海岸鸟瞰的联想，也是他对测量等高线形状的迷恋，以及他对风景设计的兴趣。

阿尔托在年轻时代受影响较大的第三个因素是他的邻居和朋友。1905 年左右，阿尔托的父亲带着全家搬到了于韦斯屈莱市，在一处山坡上买了一组带庭院的住房，那里有四座独立的木屋，阿尔托一家住着一座，其余三座租给别人居住，大院里有许多孩子，他们都是阿尔托的好朋友，其中有一个青年名叫奥古斯特·奈伯对他的影响最大，他是一个皮货商的儿子，喜欢冒险和渴望战斗的精神一直激励着阿尔托。有人认为奈伯是一名暴徒，而阿尔托在经常听他叙述自己的故事之后，却认为他是一名神秘的勇士，具有古希腊人和对手较量实力的爱好。正是从他身上使阿尔托学习到了在现代社会中的竞争意识，在那个时代只有竞争才是得到业务的最好手段。他一直记住奈伯的一句口号："出其不意地抓住它！"阿尔托正是在建筑领域中升华了这句口号，用神秘与变幻的手法使建筑创作达到了令人瞩目的境界，这正是出其不意的效果，也是阿尔托创作的动机。我们在阿尔托建筑作品中所看到的波浪形手法和曲木家具的设计都是出其不意获得社会承认的反映。

这三个人在阿尔托的事业中到底扮演了什么角色，这里并不想过分夸大，同时这三个人的影响和后来阿尔托所受的教育有什么关系，也尚有待探讨，不过，有一点是可以说明的，那就是阿尔托本人总是经常强调这三个人的精神对他的重要性，也许这就是隐形的文化思想源泉。

五、阿尔托与现代主义

1922 年是阿尔托建筑职业生涯的第一年，也是值得注意的年份。正是在这一年，阿尔托在坦佩雷设计了他的第一座建筑，同时也正是在这一年，勒·柯布西耶在巴黎开业，发表了《走向新建筑》，并提出 300 万人口的现代城市规划方案。正是这一年，密斯·凡德罗也提出了他最令人称奇的玻璃摩天楼方案。正是这一年，巴尔(Barr)、希契柯克(Hitchcock)和约翰逊(Johnson)宣布了国际式风格的诞生。因此，这一年就像一座现代主义的灯塔，它成为我们定位的主要标志。可以想象，一组现代主义的船队启程于 1922 年的灯塔，经过了几十年的拼搏，现在已经是分散得互相看不见了。

1927 年，在德国斯图加特的维森霍夫区曾举办了现代建筑的大型展览会，当时请了各国的现代主义著名人物来参加设计，一共建造有 33 幢国际式风格的实验性住宅，甚至有些老一辈的建筑师如普尔齐格(Poelzig)和贝伦斯(Behrens)也参加了先锋派的行列。仅仅五年，欧洲几乎所有国家都开始了一场变革。变革的特点就在于它的速度、观点和成熟性是如此地一致。随后，1928 年在瑞士的拉萨尔查兹召开了第一次国际现代建筑会议(CIAM)，欧洲许多志同道合的先锋派建筑师聚集在一起，建立了自己的组织，并制定了统一的原则和目标。1929 年阿尔托参加了在法兰克福举办的第二次国际现代建筑会议，大会的议题是围绕着最低限度的居住标准而展开讨论的。他在会上曾有过一个精辟的发言，提出在统一目标的基础上应争取建筑多样性的需求，因此，看起来他要比其他所谓英雄时期的主要人物更接近于我们时代的生活。他一方面接受了现代主义的简洁性与恰当性，以此来进行现代文化变革，同时又照顾到本国的实际需要。他不仅是一名有创造性的建筑师，而且他更是一位爱国主义者，这给他带来了一种特殊的创作激情。

1930年他在斯德哥尔摩参观了阿斯泼兰德(Asplund)的展览之后评论道，他赞同建筑是一种社会因素，而不应该过多地将注意力放在装饰和象征上，主张建筑是为广大民众服务的，建筑应该走平民化的道路，这是我们时代最宝贵的民主精神。因而，他总是把"小人物"的利益作为衡量建筑的标准。他在几次演讲中，都反复强调了"小人物"这个概念在建筑创作中的重要性。二战刚刚结束，高层建筑在欧美大量采用，他则宣称自己是不能同意接受在低层建筑可以实现的地区建造高层住宅的人之一。

他吸收了包豪斯在采光设计中的主要参数，往往在建筑设计中把光线的质量和多样性放在优先考虑的位置。特别是他在许多公共建筑中创造了独具特色的天窗采光方式，取得了良好的效果。总的来说，他是在生物学而不是在机械学的原则下形成自己日常感觉的。这不仅反映了他对自然形式和探求自然本质的热情，而且培养了他在造型设计中注意生长和变化的愿望，他在二次世界大战后提出"生长的住宅"方案就是一例。他对现代主义一元化的观点持否定态度，1957年他曾在英国皇家建筑学会作的讲演中就对现代主义进行了批评。他说："正如所有的革新一样，它开始于热情激昂，停滞于某些独裁专断。"正是阿尔托反对现代主义的独裁专断，于是他曾在美国麻省理工学院内设计了著名的贝克大楼(1947－1948年)，这是一种反叛精神的体现，是使现代主义走向自由的标志，是一种在理性主义原则下同时表现反理性的形式，因此希契柯克曾把它称之为"表现主义"倾向。实际上，"表现主义"就是一种不尊从现代主义纲领的委婉说法。正是他，打破了现代主义国际式的僵化，使现代建筑继续朝着多样化的健康道路发展。

我们可以发现，在阿尔托的作品中，从20年代后期开始有一个向上飞跃的过程，这些作品具有新颖、严谨、细腻，并且技术纯朴，造型融合自然环境的特点，帕米欧结核病疗养院就是最好的例证。他在设计中充分考虑了病人的起居需要，而不是单纯追求理想化和抽象化的造型模式。他对每一个细部的处理都是从环境与生活出发，尊重医生的意见和心理学家的研究成果，而且也结合自己在医院中的亲身体验。他在设置灯光照明时避免了卧床病人眩目的光源，在天花上设置暖气，并让自然风通过高窗流入室内。他还在病房中设计了淡雅的色彩，以使病人精神放松，对于盥洗盆、家具、床、柜子都进行了专门的设计，甚至在阳台上还放了一面旗子以庆贺每一位病人的康复。在建筑造型和室外环境设计上能够充分利用自然条件，形成与自然共生的协调效果。所有这些周到的考虑都给这个作品以新颖的效果和宜人的氛围。这是一个整体的设计，是现代建筑高度人情化的表达。

关于建筑艺术的语言和理想，不同的现代建筑大师有着不同观点。在勒·柯布西耶的身上，我们更多地是看到激进的精神，他试图在一夜之间能够通过建筑革命改变人居环境，300万人的理想城市规划就是最典型的乌托邦式的宣言，他在现代建筑史上的确留下了令人难忘的足迹。而对于阿尔托来说，他却是走的另一条道路。他把时代、国家和天赋很好地结合起来，因此他的建筑语言是时代和"小人物"所欢迎的。从他的绘画作品(包括学生画和抽象画)与建筑作品中都反映了他对大自然的爱。概括起来看，他的造型特点是二种符号：一种是直线和规则形的面；另一种是曲线和不规则的面。包括建筑的空间和剖面，以及他的抽象绘画都是如此，在某种程度上也是隐喻着大自然的景观。尤其是那些波浪形的折线，它成了大海波涛与茂密森林的象征。阿尔托在沃尔夫斯堡文化中心的立面上充分利用了这一手法，使二个毗邻的立面产生巨大的反差，甚至是有意的不连续。他在一篇题名为《鳟鱼与溪流》的文章中，充分阐述了建筑师必须考虑社会的、人类的、经济的、美学的和技术的各种需要，从而才能综合解决各种难题。在做草图时，他很强调从抽象的基础出发，然后结合实际的物质需要，最后达到和谐的整体，这是一种辩证升华的思维过程，也是一种建筑师高度艺术修养的结果，是美学与功能结合的表现。阿尔托的麻省理工学院贝克大楼，柯布西耶在几年之后出现的朗香教堂都走在打破国际式风格的前列，使现代建筑又恢复了失去的活力。阿尔托对自然的热爱和在建筑中对自然的隐喻直到20世纪中期才逐渐受到恰当的评价。他和日本人一样，尊重自然与灵活布局的特点受到了举世瞩目。他的建筑给我们的感觉就像是一座变化的闪光结构，它随着光线和天气、季节的变化而变化，它好似一颗晶莹的明珠，持久地发出光彩。

就在20世纪50年代，当珊纳特赛罗市政中心出现后，给世界的震动不同凡响，它就像春雷一样敲击着密斯式的单一现代主义风格，使时尚的潮流受到了挑战。珊纳特赛罗市政中心那小巧亲切的庭院，伴随着自然的环境与台阶上的散布草皮，暗示着返璞归真的意境，是人类回归自然的理想。在强烈工业化生活中的人们对于这一完全不同的建筑手法是不可能无动于衷的。如果说密斯风格是现代工业的产物，那么阿尔托的人情化正是要补偿人们精神生活的需要。他认为把建筑仅仅看成是机器的产品，那简直是一种独裁，是对建筑艺术的亵渎。阿尔托对生活的热爱，使他在建筑创作中力求对生活的颂扬，正因为如此，他创造了一个生动的和自然融为一体的形式世界，这个形式世界是一个场所，是与人类日常生活密切相关的环境，它会促使人们友爱和愉悦，焕发人们去创造更美好的生活。可以说，阿尔托既是现代主义的拥护者，又是现代主义的革新者，他的革新观念已为后来留下了深刻的影响。他为我们这个时代留下了一座丰碑，这座丰碑充满着诗意，尤其是被广大的"小人物"所歌颂。用著名的印象派画家梵高的话来说："它还给了普通人以神的光环，代表着永恒的真理。"

＊　　　　　　＊　　　　　　＊　　　　　　＊

尽管阿尔托有着惊人的天赋，而且不愿讨论他受同辈建筑师观点影响的问题，事实上，他的建筑思想是不可能完全臆造出来的，他必然要受到当代各种先进思想的启发。阿尔托在某种程度上具有一种艺术的自负，有时也会流露出贬低他人抬高自己的谈话。他把勒·柯布西耶比之为"贫乏的理论家"，认为格罗皮乌斯是一个"毫无想象力的尽职者"。

在科学和工业生产中，第一次发现和第一次应用是非常重要的，这不仅会因此闻名，而且也往往会带来专利。正是这样，在建筑创作中讨论"影响"的问题也不是没有意义的。但是建筑艺术和科学及工业生产不同，它表现出的创造性并不那么清晰，借鉴与吸收也很难分清界线，这就使得我们在分析时增加了一定的难度。例如皮尔森(P.D.Pearson)曾推论阿尔托所作的帕米欧疗养院是模仿了荷兰建筑师杜依克(Duiker)的佐尼斯特拉尔(Zonnestraal)疗养院布局的基本构思。因为阿尔托在1928年曾到荷兰访问过。然而，也可以有不同的见解，因为他曾在欧洲参观访问过无数的疗养院和公共建筑，为什么他会受到这一作品的影响呢？应该说，帕米欧疗养院平面的自由布局完全是阿尔托有机建筑思想的反映，他是在各种疗养院布置的基础上找出适合自己想法的优秀作品加以改进而取得的结果。问题是作为一名建筑师，你是否能够在许多现实的建筑中挑选出精华并进行改进，这就需要高度的技巧了。阿尔托正是独具慧眼，能够沙里淘金，把这些散粒的沙金提炼成有自己特色的作品。

关于阿尔托和包豪斯学派的关系问题，他在晚年时总是持否定的态度，有时甚至带有讥讽的口吻。但是当人们发现在30年代的档案中，阿尔托曾决定性地受到包豪斯的影响时，多少感到有些惊讶。在1930年前后，那是包豪斯学派在欧洲的辉煌时期，整个建筑界都受到新建筑思潮的影响，变革成为大势所趋。阿尔托虽身在北欧，也不可能不受到欧洲主要建筑潮流的冲击，他只有紧跟在变革的大潮中进行自己有特色的创作才能有所出路，这就是阿尔托在当时需要和他的欧洲朋友们竞争的背景。其实，阿尔托受到包豪斯学派的影响是不可避免的，甚至在他还未听说过这所学校时就已经是一个包豪斯派。1921 年他曾在《弓箭手》杂志中，写过一篇《画家和泥水匠》的文章，批评当时画家们的保守思想和停滞不前，指出建筑学的变革正为所有的艺术范畴指明了道路。他说："现在许多优秀的画家都正在寻找他们的出路，他们不知道如何突破自己的框框，不知道什么是现代艺术形式。而作为一名建筑师，他们大到城市设计，小到餐桌的设计都在按现代生活方式进行变革，这种变革正是工业化时代所要求的新艺术形式，它为不同的艺术范畴作出了榜样。"阿尔托的这种观点正是体现了包豪斯的教学思想新体系。

在1919 年包豪斯创立时，格罗皮乌斯曾聘请了欧洲许多先锋派艺术家和建筑师前来执教，使当时的艺术教育和建筑设计为之一新。例如艺术家中有费林格(Feininger)、伊吞(Itten)、马尔克斯(Marcks)、莫歇(Muche)、施勒摩尔(Schlemmer)、克利 (Klee) 和康定斯基 (Kandinsky)等人。在著名建筑师中有陶特(Bruno Taut)和普尔齐格(Hans Poelzig)等人。这些人不仅有着新潮的艺术思想，而且也在政治上具有激进的观点。包豪斯学校认为每一个学生必须学习一些工艺门类，强调动手能力和掌握技术的性能，才能自由发挥和具有创造性。这与浪漫主义学派的原则恰恰相反。格罗皮乌斯特别注重在创造艺术作品时技术准备的作用，认为在实践中知道怎么做是艺术创作的前提。这种"通过过程教育"的原则一直是包豪斯的中心思想，并且为许多其他工艺学校所采用。从 1923 年开始，包豪斯又吸收了俄国、法国、荷兰艺术家们的先进思想，努力探求未来工业化社会的形式语言，机器变成一种崇拜对象，工业化的几何纯净性和理性主义逐渐成为包豪斯新教育体系的基础。他们注重创作与社会实践的结合，使得其新艺术思想进一步在社会上取得了巨大的影响。他们提出的新口号"艺术与工业结合"，使学生们变得十分熟悉工业材料的潜能和工业生产的技术，因此，包豪斯变成了第一所教授现代设计的学校。在建筑方面首先表现为用工业生产的方式来创造人们的居住建筑。他们强调通过相同构件的各种不同组合而形成多样化的造型，特别是要求在最大程度的标准化基础上进行多样化的组合。为此，格罗皮乌斯于1923 年在魏玛建造了一所实验性建筑，完全由工业化批量生产的标准构件所组成，连家具布置也是完全按照新原则完成的。

在芬兰，当时的文化领域仍然主要属于斯堪的纳维亚传统，建筑师们和艺术家们多年来执著地在追求传统模式。然而，新事物正在发生，新的潮流已势不可挡，这就使一批年轻的芬兰建筑师们不得不考虑在建筑创作中传统与新潮的矛盾。阿尔托正是其中比较突出的一位。1926 年当阿尔托参加伊玛特拉发电厂(Imatra Power Station)的设计竞赛时，他所做的古典立面形式与内部新功能的矛盾就是明显的反映。1927 年，他在图尔库市农民合作社大楼的设计中，古典建筑形式的影响已减少到了最小限度，只保留了一尊雕像和大厅内的古典装饰细部。然而，他却把重点放在标准构件和符合功能的形式上。继而在1928 年，他进一步建成了在芬兰的第一座功能主义的现代建筑圣诺马特报社大楼，这时阿尔托已完全进入了现代派的行列。1929 年他在参加第二次国际现代建筑会议时接触到了许多前卫派的建筑师，尤其是结识了格罗皮乌斯、密斯·凡德罗、梅耶等包豪斯派的代表性人物，使他的建筑领域中又增添了许多新的思想和新的时代观念。在他和CIAM 秘书长吉迪安的交往中，更是获益匪浅，吉迪安在他的名著《空间、时间和建筑》一书中以大量的篇幅为阿尔托奠定了国际声誉的基石。很快，阿尔托和比他年长 15 岁的格罗皮乌斯建立了诚挚的友谊关系。1928 年夏天格罗皮乌斯因与官方领导部门意见不合而辞去了包豪斯校长职务并移居柏林，校长一职由汉纳斯·梅耶 (Hannes Meyer)继任，从 1930 年起校长一职又由密斯·凡德罗接替。1932 年由于国社党在德国掌权，指责包豪斯有共产主义倾向，于是学校被迫关闭。1933 年开始大批包豪斯的师生陆续逃往国外。

1930 年和1931 年阿尔托曾两度到柏林拜访过格罗皮乌斯，还一同参观过格罗皮乌斯的一些新作品。当1931年格罗皮乌斯应邀去斯德哥尔摩演讲时，阿尔托也携妻子到那里听讲。后来格罗皮乌斯移居美国波士顿，任哈佛大学建筑学院院长，阿尔托也在其后到了波士顿，在麻省理工学院任教，两人更是交往甚密。有一次阿尔托曾谈到他在格罗皮乌斯家中共进晚餐的情景，正好那天格罗皮乌斯的妻子外出未归，阿尔托为了表示他和格罗皮乌斯的知己，便主动提出晚餐后由他来洗碗，正在他拧开水龙头洗碗时，忽然格罗皮乌斯从客厅进入厨房，便不自觉地说到，你这样用水太浪费了。这给阿尔托以很深的印象，他想格罗皮乌斯已到美国多年，生活上仍是如此紧张，那是多么地无根！也许这就是促使阿尔托后来还是毅然回到芬兰去发展自己业务的原因之一。同时，对习惯于生活在宽裕的北欧地区的人来说，把那些包豪斯理想的标准化住宅与斯德哥尔摩郊区的魏林比(Vallingby)新城及顿斯塔(Tensta)新城相比，与赫尔辛基郊区的北哈加(Northern Haaga)新城及巴基拉(Pakila)新城相比，那就显得太寒酸了。

让我们再回到1923-1928年间的包豪斯学校来看一看，那时莫霍利·纳吉(Laszlo Moholy-Nagy)正在该校任木工家具车间的负责人，他是一位天生的教育家，曾为包豪斯作出过卓越的贡献，尤其是他培养了一批杰出的学生，甚至超过了他自己，其中马歇·布劳耶尔(Marcel Breuer)就是一位。布劳耶尔在受教于莫霍利后两年，便设计出了具有构成主义精神的著名钢管椅。莫霍利还对书籍的封面设计和书刊排版都有许多创新。同时莫霍利也是阿尔托的好友之一，他们最初在法兰克福1929年CIAM的第二次年会上相识，两人平静的性格十分相似，而莫霍利比阿尔托年长3岁。1930年时，他们二人在柏林再次见面，当时阿尔托是来学习和研究"德国建筑展览会"经验的。阿尔托曾为莫霍利及其女友描述了美丽的芬兰之夏，促使了莫霍利及其女友决定在1931年6月30日要亲自去进行一次芬兰之旅，阿尔托和妻子也陪伴了一段时间。莫霍利在芬兰时曾送给阿尔托的一件蓝色衬衫成为阿尔托在以后一些年中最喜欢穿的衣服之一。后来莫霍利到了美国曾是芝加哥新包豪斯学校的校长。阿尔托在与这样一位杰出艺术家的广泛接触中，无疑会受到一定的影响，例如1928年他就预订过一套布劳耶尔的钢管椅，还购买过保罗·海宁森(Paul Henningsen)制作的灯具。1932年阿尔托设计的第一个富有弹性的弯曲胶合板椅子和以后设计的灯具在某种程度上就是受到包豪斯家具与灯具思想的启示。尽管阿尔托在他的晚年一直表示他是包豪斯观点的反对派，可是在他的创作中仍不可避免地交织着包豪斯的某些特征，强调使用功能的理性主义与实证主义精神就是明显的表现。作为一个精明的人，阿尔托意识到他的浪漫主义思想必须通过具体的方法来解决，于是他在图尔库找到了一位有经验的木工奥托·卡农(Otto Korhonen)合作。阿尔托总是一次又一次地让卡农进行各种木器家具制作的试验，造出了一个又一个各种形式的变体，因此，阿尔托才能使他那经济、实用和形式精美的家具得以实现，这是综合智慧的产物，也是实证精神的丰硕成果。

阿尔托在他的创作过程中也吸收过19世纪末期流行过的新艺术运动的思想，他对这一运动的先驱者亨利·凡·德·费尔德(Herry van de Velde)十分敬仰，实际上费尔德可以算是格罗皮乌斯的老师，20世纪50年代阿尔托曾专门到瑞士去拜访过他，那时费尔德已移居到瑞士。阿尔托受新艺术和包豪斯艺术思想的影响可以从他的写生画和抽象画中看得出来。他从不以自己的艺术品来显示自己的才能，他只是把他的绘画和雕塑看成是帮助他完成建筑使命的辅助手段。

阿尔托并不是一个只会模仿别人特点的平庸之辈，他是一位有综合取舍能力的卓越建筑师，他能把实用性的建筑升华为艺术作品，并具有自己特色的人情化个性。他继承着外祖父和父亲的精神，为了做好一名绅士和人民公仆，他的目标就是尽最大可能去满足建筑用户的需要。

从我们系统地考察了阿尔托和包豪斯的关系之后，可以逐渐清楚阿尔托为什么会在晚期对包豪斯观点持批评态度了。首先，阿尔托认为格罗皮乌斯的主要观点之一是主张小组集体创作，这固然可以集思广益，但不可避免地会扼制个人的创造性，忽视小组中个人在实践中的体验。阿尔托认为集体工作应该像一个和谐的管弦乐队，所有的乐队成员既在指挥下统一曲调，同时又鼓励每个人能使自己的高超技艺融入到整体的演奏之中。包豪斯在创建初期无可否认地为开辟新建筑领域走在时代的前列，为整个世界作出了贡献，连阿尔托也是受益的一个，然而长此下去，一成不变，那必然就会逐渐失去其生命力。

阿尔托和包豪斯观点后来分歧的第二个问题就是对不同建筑材料的认识。包豪斯派强调尽可能采用现代工业材料，例如莫霍利·纳吉喜欢使用有机玻璃和镀铬金属；格罗皮乌斯喜欢用混凝土；布劳耶尔喜欢用钢管；而密斯则喜欢用玻璃墙面。毫无疑问，在1930年前后，阿尔托也曾在短期内对这些新材料充满了热情，但很快他就改变了观点，恢复到发挥地方特色的传统上，他开始探讨在室内装饰与家具中应用木材以代替金属材料，在建筑中用砖石取代混凝土和钢结构，他喜欢用木材、砖、瓦、青铜、黄铜等人们熟悉的传统材料，使人们感到亲切温馨。这种由于文化传统的影响而导致最后对不同材料的评价也许就是阿尔托和包豪斯学术观点分手的原因。

阿尔托对包豪斯批评的第三个问题是包豪斯学校已在30年代关闭，而其精神与工作方法已不能适应40年代和50年代逐渐发展起来的新社会需要。尤其是二战以后经济的迅速恢复，人们生活的提高，多样化的需求已越来越深入人心，再继续抱着标准化与纯净主义的造型必然要受到社会的淘汰，无怪乎格罗皮乌斯到晚年的成就平庸也就不足为奇了。

阿尔托是一位心灵手巧的北欧建筑师，他既是包豪斯派的朋友，也是包豪斯派的竞争对手，他在吸收现代派先进思想的基础上，已创造了一个新的建筑世界，他使理性主义渗入有机性而富有人情化，既满足了高度功能的需要，又使建筑升华为艺术作品，他的思想和手法对当代已产生了广泛的影响。

六、家具、灯具与室内设计的创新

阿尔托不仅在建筑设计与城市规划方面作过重大贡献，而且他在家具、灯具与室内设计方面也有过许多创新。阿尔托的第一组家具设计与制作是在他的学生时代，那是在1919年他为一位医生设计的一组桌椅，当时还带有浓厚的"轻古典式"(Light Classicism，意为简化的古典式样)装饰，适合于流行的口味。1924年他和爱诺·玛西欧结婚以后，在家具与装饰设计方面有了明显的进展，爱诺无形中成为这方面设计的积极促进者与合作者。在20年代期间他们所作的家具基本上还是传统风格，直到1930年才有明显的变化。我们可以看到1930年在赫尔辛基举办的最小居住单元展览会上，阿尔托设计的坐椅与长条沙发，已经借鉴了包豪斯派布劳耶尔的构思采用钢管弯曲支撑的方法，其中长条沙发还可以拉开作为单人床使用。到1931年，他在帕米欧疗养院中已将钢管椅改为有构成派风格的木制扶手椅，靠背与坐垫已改为整块的弯曲夹板，开始探求有自己特色的木制家具。同年他也试制了用钢管作支撑用夹板作坐垫的靠椅和凳子，这是一种混合材料的制品。接着他又试制了用曲木作支撑的儿童靠背椅。1932年一种成熟的曲木悬臂扶手椅终于试制成功，它成了阿尔托家具的代表作之一。这种曲木材料是用多层白桦木夹板胶合成的，具有较好的韧性和弹性，既能有钢管的优点，又能有亲切柔和的质地，表现了传统文化与现代工业化生产观念的结合，于是这一产品刚一问世就受到了世界广泛的关注(见彩页图)。当然，这种家具的试制成功是不能忘掉图尔库木工奥托·卡农的辛勤劳动的，没有他的有力配合，再好的艺术设想也很难变为现实，因为它需要进行科学的试验。1935年12月古利申·玛利亚夫人与阿尔托合作筹建了一家阿尔台克公司(Artek)，专门用来生产和推销由阿尔托设计的各种曲木家具，同时也经营室内设计与玻璃制品的生产，1936年3月1日在赫尔辛基正式开业，爱诺自然也就成了这家公司的主要设计人之一。此后，曲木家具的品种逐渐增加，主要有曲木扶手沙发椅，曲木扶手与木夹板

图 62　纽约国际教育研究所会议室内部，1965

图 63　玛利亚别墅起居室，1939

图 64　亚琛剧院观众厅墙面装饰构思草图，1958

结合的躺椅、方桌、方凳、方椅、三脚圆凳、活动茶几等等系列产品。这些产品后来在欧美市场上日益受到欢迎，并产生了相当大的影响。此外，他设计的木柜、木架、圆桌、办公桌、会议桌、露天板条椅等都具有一定的特色。其中有许多家具都在1937年巴黎国际博览会的芬兰展览馆和1937－1939年建的玛利亚别墅中应用过。可以说，阿尔托的家具是高度艺术升华的结晶，也是现代科学试验与工业化生产结合的新成果。

阿尔托在灯具设计方面也有显著成就，这和他对采光的认识是分不开的。从30年代初建成的维普里图书馆应用圆形天窗采光以后，在许多建筑中都有进一步发展，尤其是在图书馆的阅览室与大厅中更是效果突出。与此同时，他在许多建筑中设计的吊灯、吸顶灯、台灯、筒灯、悬臂照明灯等等都具有新颖的造型，给他在30年代建筑的室内设计中增加了光彩。到50年代时，他在吊灯与筒灯的设计方面又进一步考虑了工业化生产与艺术造型的结合(图62)，取得了更为出色的成就，不仅形式丰富，而且外观优美动人，体现了时代的特点。

在室内设计方面，阿尔托很早就有了杰出的表现，例如1937年在赫尔辛基的萨伏伊餐厅的室内设计，同年建造的巴黎国际博览会芬兰展览馆的室内设计，1937－1939年建造的玛利亚别墅的室内设计都成了有名的经典之作。他在萨伏伊餐厅内布置的吊灯与天花转角木架上悬挂下的藤蔓，以及桌椅的设计与布置，不仅取得了良好的效果，而且至今仍常为人们所效仿。玛利亚别墅起居室的内部设计更是生动活泼，富有温馨的居住气氛，木条天花和木地板的搭配，室内的金属圆柱外缠了一段藤条，使人感觉不致太冷；简洁的曲木沙发、藤椅、木花台、木茶几等等的有机组合，专门进行设计的门把手，加上转角的壁炉与室内四周点缀的盆花，特别是楼梯栏杆上缠以藤萝，显得十分清新宜人，几乎成了天人合一构想的典型实例(图63)。

50年代以后，阿尔托在室内设计方面又进一步有所发展，他充分利用了建筑结构的构件作为装饰，使结构与装饰的需要融为一体，1952年建成的珊纳特赛罗市政中心的会议厅内部屋架与1966－1976年建成的意大利里奥拉教区中心教堂内部的拱架都已成了装饰的手段。另一方面，他也常常把室内设计的功能要素与装饰结合起来，1966－1969年在赫尔辛基建成的柯孔能别墅音乐室内的天花下悬挂了大片帆布，既增加了生活的氛围，又改善了音响的效果。1956年在赫尔辛基建成的年金协会大楼的大厅为了采光的需要所设计的三角形天窗，也是把功能要素与装饰融为一体的手法。在70年代以后还常把抽象绘画的联想应用到室内设计中，1962－1972年建成的芬兰音乐厅内部以及到80年代才建成的德国亚琛剧院观众厅内部所用的大片深蓝色墙面和条状装饰(见彩页)即寓意着星夜与森林(图64)。所有这些手法的创新都充分反映了一位杰出的建筑师在多方面的综合才能。他的人情化思想、灵活的设计处理、柔化环境的效果，以及回归大自然的向往，都为建筑界留下了宝贵的经验。

七、结语

作为一位建筑大师，阿尔托以其特有的人情化思想给世界留下了广泛的影响。美国著名建筑史家斯卡利(Vincent Scully)在《建筑的复杂性与矛盾性》一书的序言中曾高度评价了阿尔托的作用，他说："路易·康是文丘里最亲密的导师，对文丘里的发展肯定作出过很大贡献。康的一套'惯常'原理是所有新一代建筑师的基本功，但文丘里却避开了康在结构上先入为主的成见，赞成更灵活的功能引导形式的方法而与阿尔瓦·阿尔托更为接近。"这位被誉为后现代主义建筑代表人物的文丘里本人在这本书中也多次赞赏了阿尔托的建筑成就，他说："20世纪最好的建筑师经常反对简单化，是为了促进总体中的复杂性。阿尔瓦·阿尔托和勒·柯布西耶的作品就是很好的例子。但他们作品中的复杂性和矛盾性的特点大都被忽视或误解了。……阿尔托的伊玛特拉教堂由于重复体积组合，三个分离的平面和声学吊顶形式反映了真正的复杂性，这座教堂代表了一种恰如其分的表现主义，它的复杂是由于整个设计的要求和结构部分的暴露，并非是为了达到表现欲望的手段。"因此，必须承认功能日益发展的复杂性必然要导致建筑形象的多样化，这是事物的发展规律，问题是你能不能掌握各种建筑复杂性的内在矛盾，给予有机协调的解决。阿尔托正是这方面的能手。

在评论阿尔托的建筑中，争论较多的一点是浪漫主义还是理性主义起主导作用。瑞士建筑理论家吉迪安很早就在他的名著《空间、时间与建筑》中指出阿尔托的民族浪漫主义和他所处的地理环境与历史文脉有关，大片的森林湖泊与北欧的民族风情，使它的建筑师不可避免地会继承着潇洒自由的性格。但在当代有些学者却持有不同的观点，例如出生于希腊后移居美国的波菲里奥斯(Demetri Porphyrios,1949－　)就在他的论文《记忆的突然显现》中认为阿尔托的作品具有明显的规律，是个有理性的建筑师。他说："从阿尔托很早的作品中，人们就可以辨认出他类型学思想的根源，立面处理的三段法无疑是他新古典主义研究的体现。"(Architectural Design, 1979/5－6)。　波菲里奥斯在这里想证明阿尔托的建筑是可以从理性和历史的角度来分析的，这样可以使他的作品更明确易懂。

实际上，阿尔托的作品是一个发展的过程。他在早年时曾受到传统的学院派艺术思想的教育，喜爱意大利的文艺复兴与巴洛克风格。他的初期作品就有过古典主义的影响。当然，这种一成不变的设计手法是不符合时代要求的，很快他就断然改变了这种手法而走上功能主义的道路。1927年他参观了斯图加特的国际住宅展览会，使他耳目一新，1928年他所作的圣诺马特报社与1929年所作帕米欧疗养院的建筑都已步入现代主义的行列。功能主义在他的作品中已明显地占主导地位，但在30年代他的建筑中仍能看到带有地方特色的倾向。到第二次世界大战以后，尤其是在50年代以后，他的建筑风格又有了明显的变化。为了芬兰战后的重建工作，他曾访问过意大利，在那里他被托斯卡那的乡土建筑之美所感染，同时他也吸取了芬兰原有的建筑传统，这是从德国北部经波兰而传过来的哥特风格。他毅然放弃了在20年代借鉴德国的功能主义思想而要使他的作品重新融入到景色如画的北欧环境，这是理性主义与有机思想的融合，不过，这时期在他的作品中已更多地是体现了浪漫主义的精神，表达了一种发展的、有活力的、有机的建筑涵意，表达了他家乡的最优秀的文化传统，也是他将人性、自然环境、地方建筑特色与现代科技结合的产物。

在分析文丘里受阿尔托的影响时，我们有必要对他们两人的思想与作品的性质作一简单的比较。虽然两人作品的构思与形式都很复杂，但文丘里的思想是混合，它像是一盘凉拌沙拉，各种颗粒分明；而阿尔托的思想则是融化，它就像水乳交融一样，已分不清水和乳的界线了。因此，文丘里的建筑混合手法是一种形式拼贴，易于为人们所借用；而阿尔托的融化手法是一种浪漫与理性思想的结合，只有达到高度艺术修养后才有可能在他的作品中悟出灵性，使建筑作品升华为艺术。从这里我们可以看到文丘里就像是改译了阿尔托的建筑语言，使它更大众化了，不过，这种改译了的建筑语言毕竟不如阿尔托原来的阳春白雪那么更富有诗意。

从某种意义上讲，阿尔托和路易·康都是对新一代建筑师具有重大影响的关键人物，他们两人都曾借鉴了古典建筑传统中的精华，使自己的建筑创作思想与手法更为丰富，但是细细分析他们两人的不同之处也是很有意义的。阿尔托着重于吸收意大利城镇乡土特色的生长根源，重视建筑作品的有机性，力求建筑与自然环境结合，在建筑中表现出传统的地方特色，又不失时代的功能要求和科技要求；同时，他还在将建筑升华为艺术的过程中，把抽象艺术的隐喻渗入到他的作品之中，使他的作品更富有浪漫和神秘的色彩。这种对传统和古典的借鉴可以说是对内在规律的吸收，是一种生物学的原则，它使我们在阿尔托的作品中体会到有一种古典和北欧的浪漫精神。

而路易·康则基于学院派的古典思想体系，强调探求形式规律，追求建筑结构所具有的精神功能。他认为建筑中必须具有四个重要因素：整体形式构图，空间的等级性，结构和材料的特性，以及注意用光。建筑功能须服从上述四个准则，否则建筑就不再是艺术了。他力图把古典语言变成一种建筑哲学，他说："文艺复兴建筑物都有连廊朝着街道，尽管它们的使用目的并不需要这些连廊，而敞廊在这里只是告诉人们什么是建筑艺术。"因此，把两人的思想意境相比，可以看出阿尔托更具有批判的地方主义精神，它可以维持高度的批判自觉性，既承担着"世界文化"谱系的进展，又必须通过矛盾的综合，使优美的建筑作品显示某种植根民族的意向和回归自然的天性。这也许是在当今工业化社会最迫切的希望。

2

作品

1 芬兰　图尔库　圣诺马特报社·1928 － 1929

Turun Sanomat News Paper Offices, Turku, Finland

1928年春天，阿尔托着手设计圣诺马特报社大楼，1929年建成，这是芬兰第一座全新的功能主义建筑，其造型富于构成主义的气质。它上层墙面设带形窗，底层令人想起了柯布西耶的鸡腿柱，柱外是玻璃橱窗。当然这对于北欧寒冷的天气散热过快，不太经济，但它精确的比例和恰当的位置仍引人注目，体现了阿尔托在探讨现代建筑风格上追求的艺术与技术结合方面所做的努力。

圣诺马特报社位于土伦商业大街的一片老建筑之中，它包括编辑部、印刷车间及辅助用房、管理部门和高级行政办公室等等。整个结构运用钢筋混凝土框架，在轻质混凝土墙的表面盖了金属网，并用特制的拉毛水泥粉刷。阿尔托还在这幢楼里首次尝试安装大型圆天窗，表现了阿尔托对于当时现代建筑的"方盒子"已经有了不同的见解。更令人注目的是他在地下室的印刷车间里设计了无梁楼盖和上大下小的圆形柱子。

图 1-1　圣诺马特报社外观

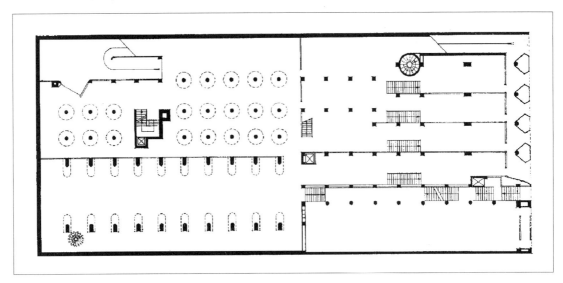

图1-2 底层平面

图1-3 地下室印刷车间

46

图尔库建城700周年展览会是阿尔托和布莱格曼在1929年共同设计的。由于图尔库当时的居民只有80000人，所以尽可能设计得朴素简洁。

建筑群中展览馆单体与其它建筑一样，由轻质木框架构成，外包纤维板。为了使展览会气氛热烈，室内外的墙体表面布满了五彩缤纷的商业广告。阿尔托在入口处突出了竖向要素；与水平型的展馆形成对比。此外他受到了包豪斯学派的影响，把广告文字作为主要的建筑语汇元素应用到了建筑立面上。

对于展览会的整体规划，阿尔托把展馆放在靠市中心的公园里，扩建部分伸展到四周环境之中，并在市中心位置上架起与展馆入口构筑物类似的视觉标志物，使整个展览会场看上去非常气派。

图2-1　图尔库建城700周年展览会场外景

图尔库建城700周年庆典还是一次举办盛大音乐节的契机，为此兴建了一座大型的露天音乐台，用来表演合唱和举行管弦乐队演奏。阿尔托为了取得良好的声学效果，把音乐台的形式设计成两块大共鸣板：一个表面弯曲用作背景，另一个充当乐台本身。演奏区和观众席之间有一段间隔，作为舞台前部，既加强了分隔效果，又增加了共鸣面的面积。

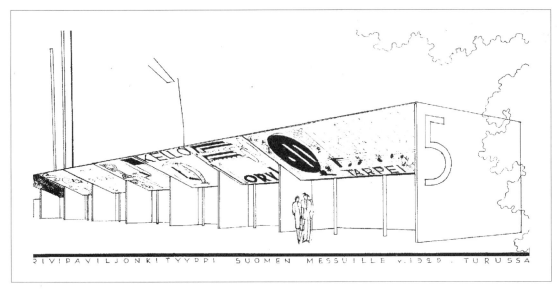

图 2-2　展览馆外观

图 2-3　露天音乐台外观

芬兰 帕米欧结核病疗养院·1929 － 1933
Tuberculosis Sanatorium, Paimio, Finland

帕米欧结核病疗养院位于离城不远的一个小乡村，是1928年阿尔托在设计竞赛中获头奖的作品，建造年代为1929－1933年。它表现了现代建筑功能合理、技术先进与造型活泼的设计手法，是阿尔托在"第一白色时期"的代表性作品之一。疗养院的环境幽美，周围全是绿化。平面大体呈树枝状的几长条，中间用服务部分相串联。最前排的主体建筑是七层的病房大楼，设有290张病床，每间住两人，方向朝南略偏东，北面是一条廊子。

图 3-1　帕米欧疗养院西面外观

在东端尽头折转为正南向的是日光室和治疗部分。主楼顶上是平屋面，一部分辟作屋顶花园。后面第二排房屋高四层，为了阳光不受前面主楼阻挡，不与第一排平行。它的底层是行政办公，二、三层是医务院，东端是手术室，四层是餐厅和文娱阅览室。第三排是单层的，内设厨房、锅炉房、备餐间和仓库等。整个疗养院建筑顺着地势起伏自由舒展地铺开，和环境结合得非常妥帖。主楼的外部以白色墙面衬托着大片的玻璃窗，最底层用黑色石块砌筑，在尽端的各层阳台还点缀着玫

图 3-2　东面外观

瑰红的栏板，色彩鲜明清新，掩映于绿树丛中，使人心旷神怡。
病房内墙与窗帘均采用悦目的色调，以增加病人愉快的心情。阿
尔托大大扩展了功能主义的内涵，争取满足人们生理和心理上的
总体需求，他在病房中还考虑了易识别性和私密性，考虑了避免
光、热直射病人头部，洗手盆用起来没有噪声等细节。建筑的结
构上用了钢筋混凝土框架，外形如实地反映了它的结构逻辑性。
在日光室部分则以六根扁柱作为主要支撑，楼板四面悬挑，外墙
不承重，这种大胆尝试丝毫不逊色于 50 年代以后的玻璃幕墙手
法。

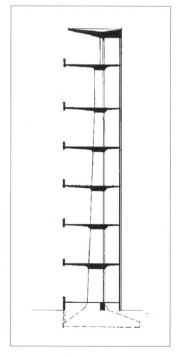

图 3-3　日光室剖面

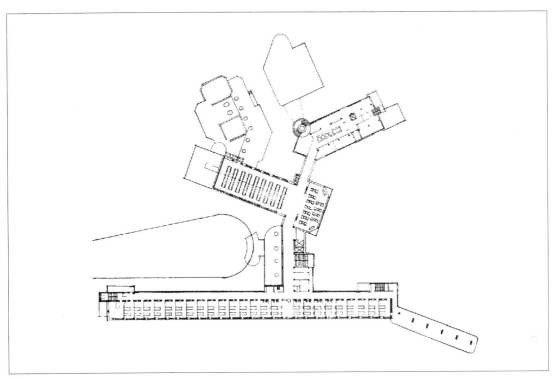

图 3-4 二层平面

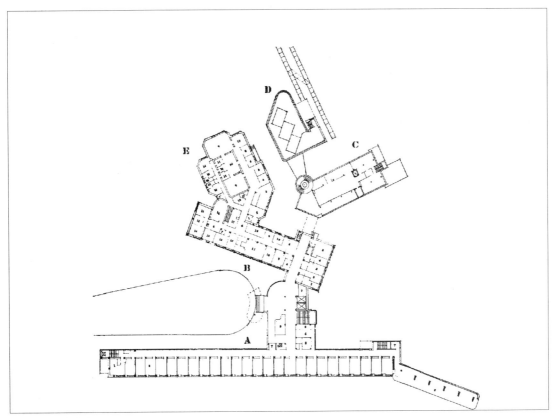

图 3-5 底层平面

图 3-6　门厅

图 3-7　屋顶平台

图4-1　维普里市立图书馆外观

　　维普里市立图书馆是阿尔托的成名之作，从设计竞赛获奖到建造完成，历时八年（ 1927年竞赛，1930 – 1935年建造，1943年被毁）。这座建筑位于市中心公园的东北角，邻近的广场上有一座19世纪末建造的哥特复兴式教堂。新建筑以其简洁的现代建筑体型和大胆自由的内部，使先辈吃惊。图书馆平面可分为三个部分：阅览室部分；讲堂与办公部分；借书处与门厅部分；此外还有书库、衣帽间、茶座、卫生间、楼梯等。讲堂与阅览室分别在东西两侧，前后错开，中间以公共部分相连接。三部分根据不同的功能需要分别有不同的层高和地坪，使用方便，尺度适宜。成年人入口在正面，借书处在二楼夹层，背面入口较正面略低，可通儿童阅览与借书处。阅览室与成年人借书处部分外墙厚75厘米，四壁不开窗，用空调设备，这是为了在北欧冬季便于保暖，同时墙壁四面可以安排书架。半地下室部分大半为书库及储藏，背面为儿童阅览室。讲堂在门厅的右边，上面是办公用房。钢结构的框架使正立面可以开大片的玻璃窗，面对着公园，以饱览宜人的景色。讲堂平面本身用活动隔板分成三段，端头空间前能挂幕，在文娱活动时可用作舞台表演。通过尽端小楼梯可上至顶层房间，以作临时化妆室。

　　值得注意的是在这座建筑中，阿尔托不仅使欧洲兴起的现代建筑种子在芬兰开花结果，而且还结合当地特点创造性地应用了特殊的顶光和波形天花的手法。整个建筑的平屋顶上设有57个预制的圆筒形天窗，为了使光线均匀漫射，筒形天窗做成上大下小，呈漏斗状，上下两层玻璃，并有辅助的灯光，以便在晚上和冬季积雪时使用，同时也可利用灯光热量及早溶化天窗顶上覆盖的冰雪。圆筒形的天窗在室内稍稍下垂，构成了有韵律的天花图案。讲堂内采用了波浪形的天花，在这里主要是考虑声音反射的效果，能使听众清楚地听到讲演者的声音。波浪形的起伏在空间上也产生了流动感，给内部空间增加了生气，产生了新颖的造型。

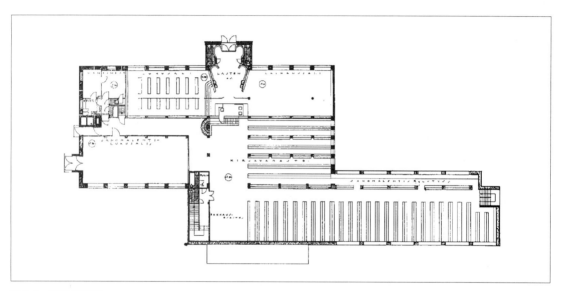

图 4-2　下半层平面

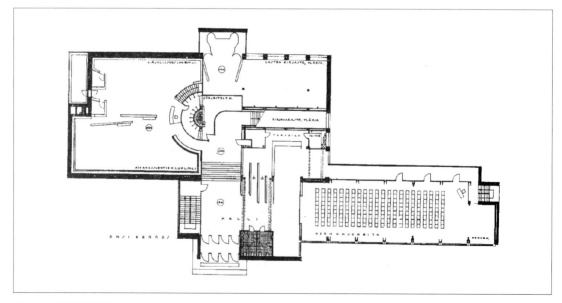

图 4-3　主入口层平面

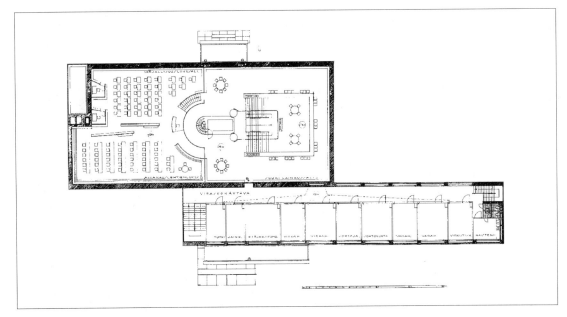

图 4-4　阅览室层平面

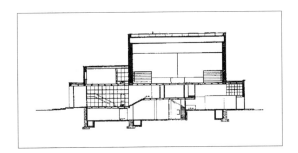

图 4-5　横向剖面

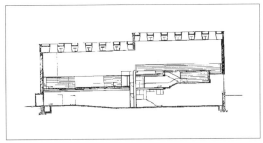

图 4-6　纵向剖面

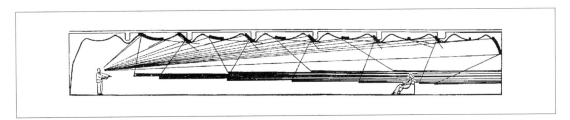

图 4-7　讲堂声学设计

图 4-8　侧面外观

图 4-9　门厅

56

图 4-10　阅览室

图 4-11　讲堂

图 5-1　阿尔托住宅外观

在1955年阿尔托新的事务所建成之前，该建筑一直用作阿尔托的私人住宅兼事务所。在此之后，则完全用于他的生活起居。

住宅于1934年设计，1935 − 1936年间建造。建筑结构采用钢管框架，内填混凝土。外墙面用白色粉刷，起居部分则用木板墙，室内外木材的运用娴熟得体。屋顶微微倾斜，二层平台用作屋顶花园。整座建筑融在静谧安详的环境之中。

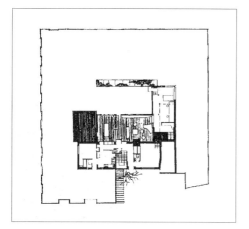

图 5-2 底层平面

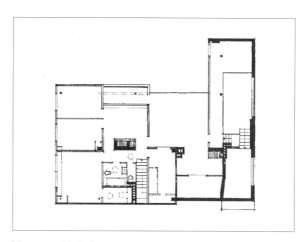

图 5-3 二层平面

图 5-4 二层平台

图6-1　巴黎国际博览会芬兰馆外观

　　巴黎国际博览会芬兰馆使阿尔托在国际上名声远扬。在这个作品中，他既合理地解决了空间功能关系，又使之带上强烈的芬兰特色。该馆在1935年竞赛获奖后，于1936－1937年建造。

　　阿尔托在平面上先布置了各式院子，尤其是中央的庭院，既用于采光，又布置花木，增加了生动活泼的气氛。他还通过把展品一部分陈列在室内，一部分放在室外的手法，使参观者几乎注意不到室内外的变化，虽然实际上两者之间始终存在着高差。在平面组织上他还重点考虑了两点：其一是使建筑形体取得宜人的尺度，为了避免理性的建筑体块带来周围的真空，他不断采用绿化等手段来柔化环境，并充分发挥地形的潜力；其二是不仅组织了交通流线，更认真组织了视线关系，努力提高看的质量。事实上参观者常常会突然发现，他们刚到一个不同的标高，就觉得焕然一新。

　　体现芬兰特色的木材在展馆里也得到了娴熟的运用，形成了视觉上的主题，展馆也因此而饶有意义地名为"木材正在前进"。阿尔托首先思考了作为承重体系的木构件形式，他用竖向的束柱来表达木材特性，这些束柱用藤条绑扎，支撑着雨篷。另外阿尔托还把木材大量地运用到了室内外墙面上作为装饰。所有的木构件都在芬兰制作，并由芬兰工匠进行组装。其细部十分精致，本身形成为工艺品，尤其是立面上半圆形断面的直条饰面，给人留下了深刻的印象。

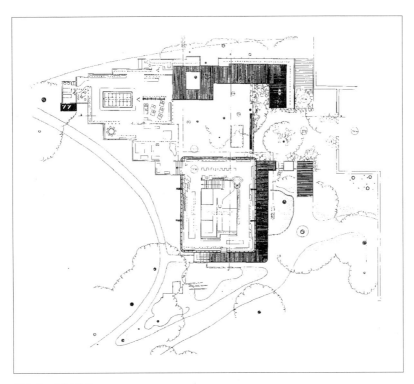

图 6-2 上层平面

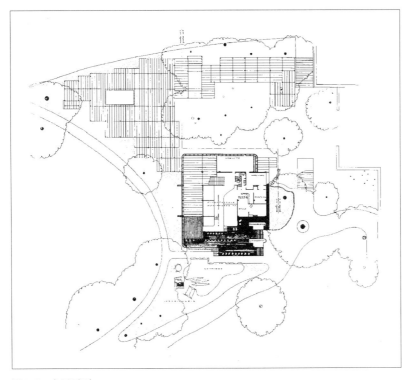

图 6-3 底层平面

图6-4　入口束柱

图6-5　展览廊

7 芬兰　山尼拉城纤维素工厂·1936－1954

Cellulose Factory at Sunila, Finland

图7-1　山尼拉纤维素工厂远景

●工厂区

　　山尼拉纤维素工厂由厂部和住宅区两部分组成。它位于芬兰南部，距科特卡港不远，由5个份额相当的大型工业企业组建而成，所以规模庞大。该厂于1935－1937年设计，1936－1939年建造，并于1951－1954年扩建。阿尔托不凡的手笔，使它成了现代工厂建筑中的典型实例。

　　工厂坐落在芬兰湾中的一个岛屿上，岛与大陆被狭窄的海峡隔开。这里海岸陡峭，使远洋轮船可以直接停靠而无需特别的港口设施。在厂部，体量硕大的原料库通过醒目的传送带给厂房源源不断地输送材料，加上建筑群体型丰富复杂，显得热闹非凡。而住宅区则位于安静的林区，它与厂部同步开始建设，并都为扩建留下了余地。

　　阿尔托在整个规划与单体设计中都巧妙地因借了地形。岩石岛的轮廓按照自然的形式保留了下来，各类建筑四周的松树林也都留了下来。整个生产流程随着山势层层跌落，直至码头。厂部中心区修了个大平台，从那里可以观察到生产的各个阶段。这一带布置了行政办公楼、实验室等等，同时还建了一个花园，给行政中心带来了一份宁静。各单体的周边都用廊道连接，并设法使各个部分的工人都可能步出房间直接接触自然。这样整个厂部避免了普通工厂的单调乏味，在内部关系和内外关系上都显得富有层次。厂部建筑群在整体上呈金字塔状，像座人工山丘。除了体型上的特色外，色彩搭配也很有韵味。阿尔托主要运用了两种他所喜爱的颜色：白色和红色，使生产厂房的红砖墙面和其余建筑的白混凝土墙面形成对比，产生强烈的视觉效果。除此之外，他还着重研究了复杂的材料输送与生产过程的联系，它们给这一复杂多变的建筑体型带来了一种真正内在的活力，使生产、建筑和自然融为一体。

　　厂房的结构采用钢筋混凝土框架，外面贴砖，其余立面大部暴露混凝土或粉刷。港口设施与原料库中还用了木材。

●工人住宅区

山尼拉工人住宅区的基地周围，密布着无数的林木和岩石，山丘和山谷连绵不断。阿尔托的基本构思是在山南修建房屋，在山谷建设通道和花园，而让北坡的松树林原封不动。建造分三个阶段进行，1938－1939年建设第一、第二组团，1951－1954年建设第三组团。

阿尔托综合筹划了地上的房屋建设和地下工程设施建设。他没把供暖集中在一起，而是分成了三块，这样取得了很大的灵活性，并能方便地依山就势布置。另外他还合理分布了公共设施如洗衣房，公共浴室等。

由于整个开发划分为独立组团进行，所以避免了程式化的集中。各个组团之间可以根据建造的时序不断地吸取经验教训，日臻完善妥当。例如，在第一组团中，房子为二层，没设阳台，是因为每户家庭都能较方便地走向户外。第二组团中，房子改成三层，为使顶层也能方便地接触自然，所以加了小阳台，但实际上所起作用有限。根据这一教训，阿尔托在第三组团中设计了新的住宅式样。他尽量结合地形，采用了退台形式并取消了一二层之间的楼梯，只为第三层修建了一个10英尺高的小梯子。这样使得每户家庭都能方便直接地走向自然。住宅的整个墙面粉了白色(只在平台栏杆上换了色彩)，远远看去，随着平台间隔墙序列的展开，显得素净又不失丰富。住宅后边的松树林也整整齐齐，形成了一道绿色屏风，为住宅区增色不少。另外，高级职员的连排住宅设计也很有特点，与自然结合巧妙。

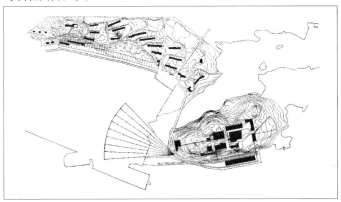

图7-2　总平面(图右下方为厂区，左上方为住宅区)

图7-3　厂房墙面细部

图 7-4　厂区近景

图 7-5　仓库

图7-6 连排式高级职员住宅

图7-7 第三组团工人住宅外观

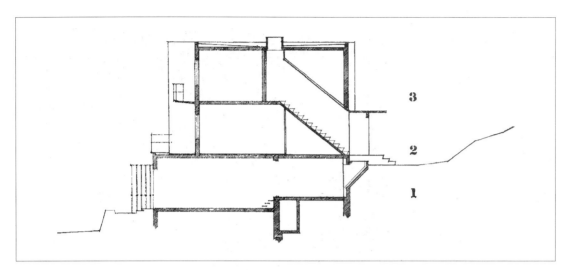

图 7-8　第三组团工人住宅剖面

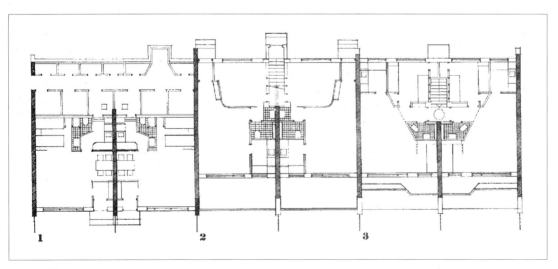

图 7-9　第三组团工人住宅平面
(图中从左至右 1，2，3 分别指一、二、三层平面)

8 纽约 国际博览会芬兰馆·1938－1939
Finnish Pavilion, New York World's Fair, US

展览馆是在 1938－1939 年间建造的，造型别致，难以用语言来详尽地描述，只能说是它体现出一种综合之美。一方面是芬兰特色的尽情表露，另一方面又是理性斟酌的结果，最终形成的是一种新型塑性空间，在有限的展厅内部，通过波浪形的墙面和向前的倾斜，取得了水平与竖向的巧妙结合，既扩大了展览面积，又使观众视觉上倍感舒适。人们对着大幅波动墙面上的照片，既可以走走看看，又可以凝神细观。展馆高达 52 英尺，展区分4层，最高层展出的展品内容是整个芬兰的概况，依次往下的内容分别是民众、工厂，底层是产品展览。由于这种倾斜的墙面和自由的形式，高处的照片系列和低处的产品都像放在矮墙上展览一样。

图 8-1 纽约国际博览会芬兰馆室内

在材料上，展馆内部由不同剖面的木头形成，以取得材料与照片之间的协调。用作墙体外表的材料常当作展品一样来展示。另外屋顶也成了一个展区，一种芬兰生产的压制板做成螺旋桨来搅动空气，既当作陈列品，又起着实际通风的作用。

阿尔托对他这个作品是这样评述的："一个展览馆应该像一个通用仓库，各种各样的物品都堆放在一起，密密麻麻地陈列着——不管是画布还是棋子。因此在这个展馆中，我试图创造最大的可能来集中展览物品，使房间里堆满了东西，彼此密集地靠在一起，农产品和工业产品常常只有数英寸之隔。这可并不容易——把单独的音节组合起来形成一支交响乐。"

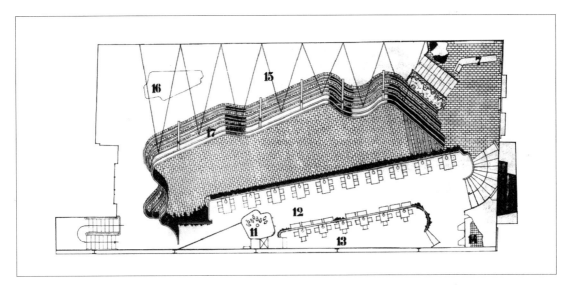

图 8-2 夹层平面

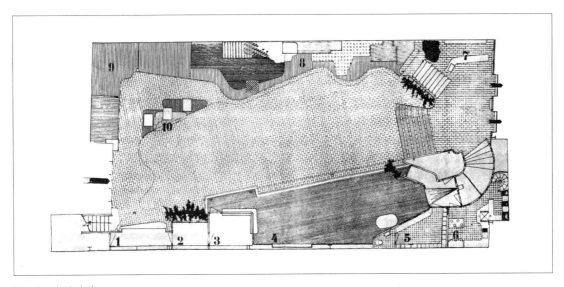

图 8-3 底层平面

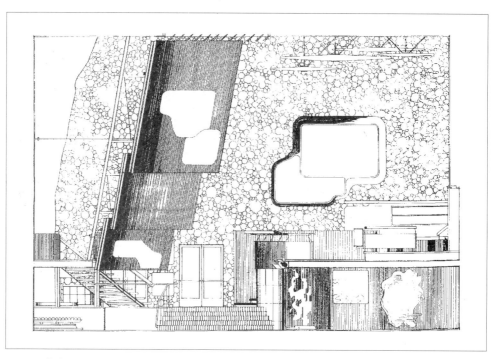

图 8-4 内墙面

图 8-5 展区底层展品

图 8-6 休息、问讯处

芬兰　努玛库　玛利亚别墅·1938 — 1939
Villa Mariea, Noormarkku, Finland

图 9-1　玛利亚别墅侧面外观(高起处为画室)

　　玛利亚别墅是阿尔托于 1937 — 1938 年为古利申夫妇(Harry and Mairea Gullichson) 设计的，建造时间为 1938 — 1939 年，坐落在距努玛库不远的小村庄里。它超越了阿尔托和爱诺战前的任何一个作品，成了 20 世纪将现代理性主义与民族浪漫运动联系起来的纽带，也是阿尔托的得意之作，可以和密斯的吐根哈特住宅媲美。二者都是在满足功能要求的前提下，采用了"流动空间"的手法，所不同的是阿尔托处理得自由灵活，空间的连续性富有舒适感。住宅平面呈"L"形，后面单设了一个蒸汽浴室，这样又形成了"U"形，围着院子，院子中有个不规则形的游泳池。住宅四周是一片茂密的树林，充满了宁静感。对着住宅入口的是餐厅，左边进入起居室，右边通卧室。从门厅到起居室，没有设门，用几级踏步划分，形成了空间的延伸。在起居室内，他把空间分成有机的两部分，一半作为会客，另一半可以安静地休息和弹琴。有趣的是这两部分没有什么分隔，也没有地坪的高差，只是用不同的地面材料区分。对于结构承重的柱子，不论内外，均加以修饰处理，形成不同视感。建筑的外表仍采用直条木材饰面，富于浓厚的地方色彩。在起居室的一角开有边门可进入花园，上面有意布置了曲线雨篷和房间，使造型生动活泼，和内部流动空间相协调。阿尔托在玛利亚别墅的设计中是煞费苦心的，从建筑设计到室内装修，以及家具、灯具都考虑得很周到，力求舒适美观。金属的柱子上缠了藤条，楼梯扶手的旁边布置有藤萝攀缘，这些都增加了回归自然的意境。阿尔托新设计的胶合板家具也首先应用在这幢住宅里。

弗兰姆普敦曾指出阿尔托的这座别墅贯穿着一种双重原则。其因地制宜的形体和不规则的游泳池形成了人工与自然形式的隐喻对比；古利申太太在二楼突出的船状画室为"头"与蒸汽浴室的"尾"形成对比；起居室内的地砖、木地板与粗糙的铺路石之间形成对比；蒸汽浴室外一片延伸的毛石墙与传统的草皮屋面也形成了对比。

图9-2　正面外观

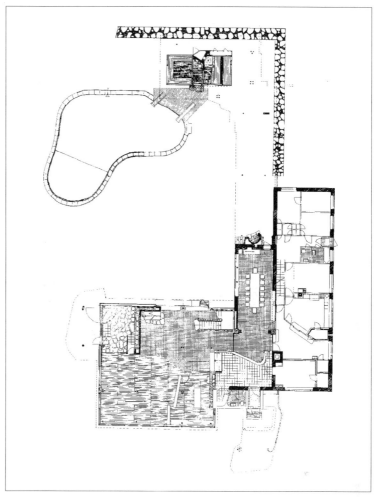

图9-3 二层平面

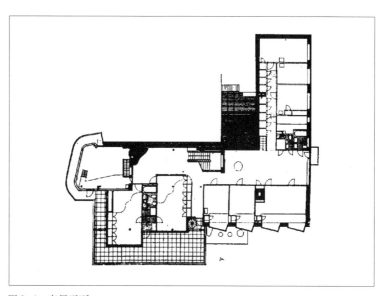

图9-4 底层平面

图9-5 入口

图9-6 从起居室望庭院对面的蒸汽浴室

图 9-7 游泳池、连廊和蒸汽浴室

图 9-8 从蒸汽浴室外廊看游泳池

10 芬兰 柯图亚住宅区 · 1938 － 1940
Dwellings in Kauttua, Finland

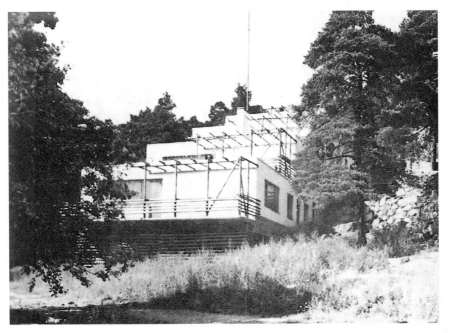

图 10-1　柯图亚住宅外观

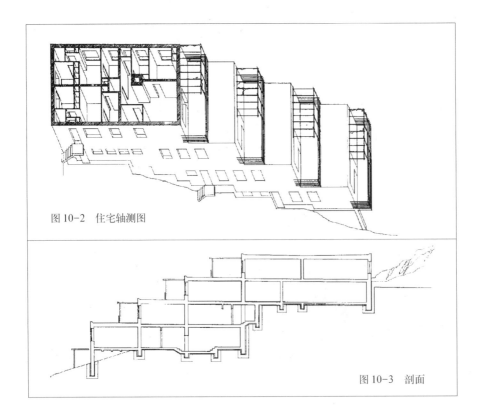

图 10-2　住宅轴测图

图 10-3　剖面

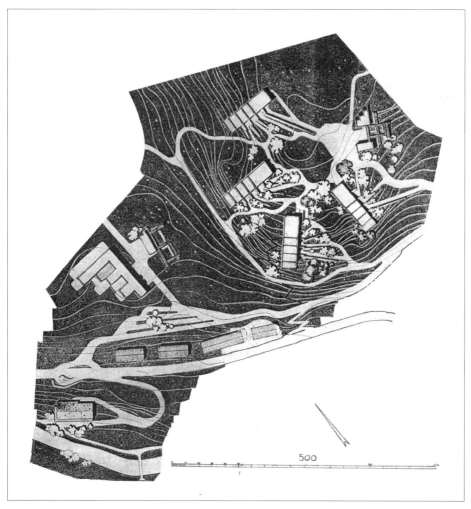

图 10-4　总平面

柯图亚纸浆厂是芬兰典型的工业区，它从1700年建厂以来已成为一个非常庞大的企业。阿尔托在这里找到了一个良好的机会继续进行在山尼拉的住宅试验。这块场址与山尼拉居民区的地形十分相似，也是一片满布林木的坡地，冰川堆石在这里随处可见。住宅区规划在南坡，于1937年设计，1938－1940年建造。由于坡陡，阿尔托设计了一系列平台，房子层层后退，使住户能直接步入森林，并使楼梯成了多余，尽管事实上有5层之高。每层房子的屋顶可以充作上一层住户的大平台，十分宽敞。

整个交通体系所在的标高远比住宅区为低，这样做，是为了使车辆排出的油烟不再影响居住的质量。阿尔托的这一竖向设计显得十分明智，也富于远见。

11 美国 麻省理工学院学生宿舍贝克大楼·1947 — 1948
Baker House Dormitory, M.I.T, Cambridge, US

图 11-1　贝克大楼沿河外观

　　美国麻省理工学院学生宿舍贝克大楼是阿尔托在"红色时期"的著名作品之一。整座建筑平面呈波浪形，为的是在有限的地段里使每个房间都能看到查尔斯河的景色，这种手法的思路其实是和维普里市立图书馆的天花，纽约博览会芬兰馆的波形墙一脉相承的。七层大楼的外表全部用红砖砌筑，背面粗犷的折线轮廓和正面流利的曲线形成了强烈的对比。使人感到变化多姿。波浪形外观所造成的动态，多少减轻了庞大建筑体积的沉重感。楼梯段设在建筑北边的墙板结构上，这样可以避免挡住视线。

　　从这个作品中值得注意的是，自30年代后期起，阿尔托的兴趣转向了墙面，尝试用墙面的波动曲折来改变空间，对他来说不只是用墙体来围合空间，而是借墙体本身的特点来提高空间的质量。由于不断追求墙体与空间的关系，很自然地使阿尔托的兴趣不断从室内转向室外，并发展到争取用建筑物而不止是墙来组织围合外部空间。从这点来讲，贝克大楼是他空间处理方面的一个阶段性成果，显示出了阿尔托设计中的自由构思。

图 11-2　背面外观

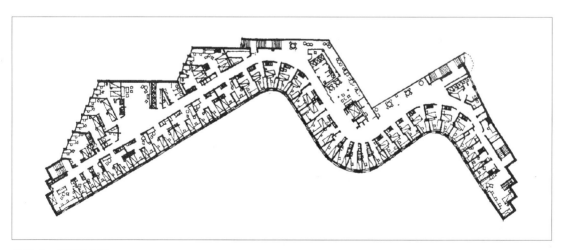

图 11-3　标准层平面

12 芬兰 奥坦尼米体育馆·1949－1950

Sports Hall, Otaniemi, Finland

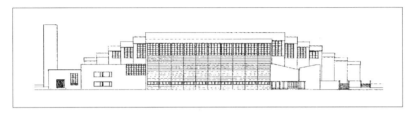

图 12-1 奥坦尼米体育馆立面

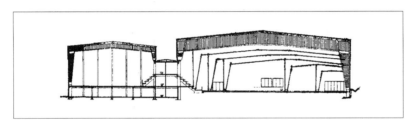

图 12-2 剖面(中间为看台)

该馆是赫尔辛基技术学校运动中心的主体建筑，原为举办1952年奥运会所建，能用于各种体育训练。馆里包括了保龄球道、拳击台、摔跤台、网球场和室内跑道等各种设施，从而决定了它的大体型。它的整个屋顶采用木制桁架结构，而看台设计成一种特殊的高台，把体育馆和室内网球馆联结在一起，使观众不用过多地绕路。在高台之下还设置了体育馆入口和运动员更衣处，这样充分提高了利用率。

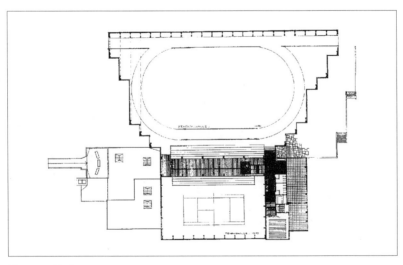

图 12-3 平面

13

芬兰　珊纳特赛罗城镇中心·1949－1952
The Town Hall in Säynätsalo, Finland

图 13-1　珊纳特赛罗市政厅西南角外观(近处为自由形大台阶，远处高起处为会议室)

　　珊纳特赛罗城镇中心是阿尔托1949年参加竞赛夺标的项目，具体工程于1949－1952年建造。

　　珊纳特赛罗位于芬兰中部于韦斯屈莱市南面数里之处，是帕杰尼(Pajanne)湖中的一个岛屿，当时人口约为三千，阿尔托曾于1942－1946年主持了它的总体规划，并在1949年的城镇中心区规划设计竞赛中拔得头筹。该项目中包括市政厅，若干商店、宿舍，以及附近的剧院和体育场。市政厅中又包括了办公室、会议室、图书馆、商店和部分职员宿舍。市政厅的平面环绕内院布局，建筑形式则运用红砖墙和单坡顶。在设计中阿尔托巧用地形，创造了一条动人的流线，他还把市政厅一组放在坡地的高处，使得建筑群体层层涌起。在四周的白桦林中，市政厅的南翼缓缓浮出，它高两层，上为图书馆，下为商店。再及近，可以看见西南角通往内院的自由式大台阶，上边是自然的草地，显得生机盎然。内院地坪与南翼二层地板等高，铺着当地的冰碛土，野趣横生。院子东边可以进会议室，西边是宿舍，尺度亲切宜人。市政厅的主入口在东南角，上覆有别致的花架，紧贴着高高的会议室。建筑平面上给人的印象是方套方不断，方形总平面套方形内院，内院东边又套着方形的会议室。在空间构成上也可以看出阿尔托对方盒子空间的有意诱导。令人遗憾的是城镇中心整体建筑群的序列设计未能全部实现，呈现出的只是一座安静的院落式建筑，产生出孤独的诗意来。

在市政厅中，各种材料配合得体给人留下了深刻印象。这既出于对芬兰战后贫困的考虑，又出于对意大利古镇的迷恋，使阿尔托用红砖精心塑造了这一名作。木材的运用在这里也同样出色，尤其在会议室顶部的木构架，既是结构构件，又是装饰物，似乎再一次证明了作为有机建筑师对哥特式做法的回响。

图13-2　东南角外观(近处为通向内院的大台阶)

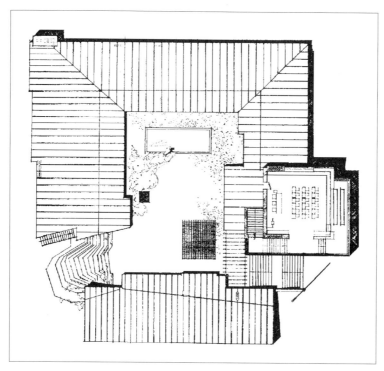

图 13-3　屋面层平面(右侧为会议室)

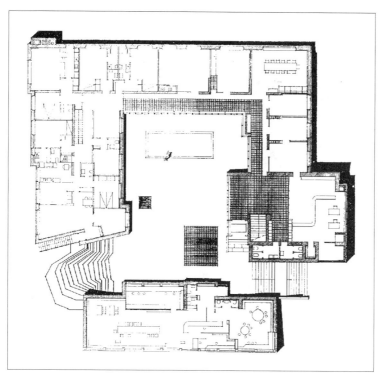

图 13-4　主要层平面

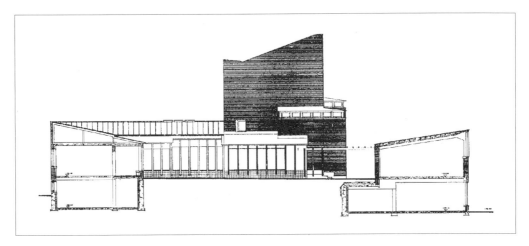

图13-5 剖面

图13-6 南面外观之一

图 13-7　南面外观之二

图 13-8　内庭院

图 13-9　围绕庭院的办公室外廊

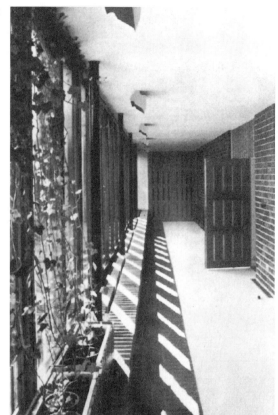

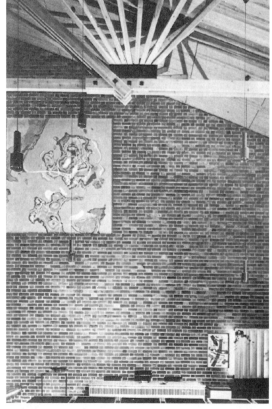

图 13-10　会议室天花

14

芬兰　莫拉特塞罗　阿尔托夏季别墅·1953

Aalto Summer House, Muuratsalo, Finland

图14-1　阿尔托夏季别墅外观之一

在莫拉特赛罗的阿尔托夏季别墅不仅用于生活工作，还是一座用于试验的房子。它位于芬兰中北部湖区，汽艇从码头到那里约需一个小时。

该建筑平面呈"L"形，两翼等长，其中一翼为起居部分，另一翼为卧室，通过高高的围墙形成了一个封闭的方形内院。内院墙面如同马赛克图案，这就是用以试验的墙体，它被分成约50块，每块由形状、大小各异的砖和面砖组成，拼接方式亦各不相同，用来试验它们的美学和实用效果。单坡的屋顶非常陡，越过起居室跨向西墙。

在阿尔托的作品中，这个小别墅也是他红色时期中的一个精品，与1950-1952年建造的珊纳特赛罗市政厅是一脉相承的。除了材料、坡顶运用上的类似之外，主要在空间上都塑造出了一个方形庭院。现代建筑大师中柯布西耶、赖特、密斯都力图打破方盒子，追求空间的流动性，而对于在北欧成长起来的阿尔托来说，现代建筑的现代只是"功能"上的，而不意味着方盒子的打破。一是流动空间不利于北欧房子的保暖，二是它没有一种北方人所需的安定感。所以，阿尔托在夏季别墅中刻意表现了一首小诗，诗的主题就是那个温馨自足的中庭。在阿尔托的大部分作品中未曾着意设计一个封闭庭院，而是不断发展了"凵"形布局。因为对他来说室外半围合空间，既便于生活起居，又容易和自然环境结合。但对于私密要求较强的场所而言，相对封闭的中庭亦未尝不是一种适当的方法。

这座别墅的启示意义是多方面的，曾有学者就它利用自然，结合自然方面指出它是一座生态性的建筑。

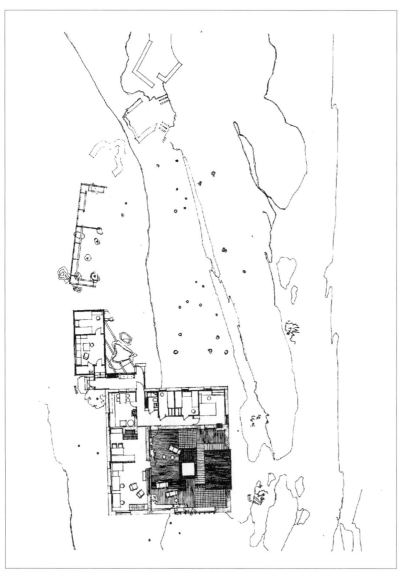

图14-2 平面

图 14-3 外观之二

图 14-4 试验性墙面

图 15-1 芬兰年金协会面向公园外观

　　芬兰年金协会是国家管理的机构，亦称养老基金协会。在阿尔托于1948年参加竞赛并获得一等奖时，设计要求的内容远比现在为多，还包括一个完整的商业区，纪念性建筑和会议厅等等，后来这一巨大的项目未能实现，而演变成了现在紧凑的三角形地段上的年金协会总部一栋建筑（该地段与赫尔辛基曼尼尔海姆大道相连）。其实际建造时间为1952－1956年，是座供800名职员所用的办公楼。由于那时芬兰经济已经从战败的重创中重新得到发展，所以它成了阿尔托作品中最为豪华的一例，他的许多形式语汇都集中在这座大楼里有所表现。

　　整座建筑围绕着高起的庭院呈"凵"形组团，既形成了安静的内向空间，又使一边与自然融为一体，这正是阿尔托室外空间处理的一大特点。各个体块包括地下室部分都有机地联系在一起。在靠曼尼尔海姆大道一边的正立面严谨端庄，邻接公园一边却因体块的细致组合显得柔和可亲。在建筑中央的大会客厅上方，设置了阿尔托前所未有的巨型玻璃天窗，天窗的大小出于从公园远眺建筑时的景观考虑，天窗的形式是为了配合邻接公园一端的喷泉形状。

　　年金协会的功能安排大致如此，最底层是带有大会议室的董事会办公部分，楼上面向公园的两翼分别为柱厅、图书馆、职工餐厅等用房。

阿尔托还配合这座建筑的设计，进行了各种布局、构造、器具设计的试验。例如其图书室就与维普里市立图书馆形态相同，并在以后定型化而用于各类建筑物中；又如为了保持安静的工作环境研究了吸声墙体。此外用在年金协会内墙的"C"型陶制面砖以后还用到塞奈约基市政厅的外墙面上，而为大楼特别设计的各种照明器具也通过阿尔台克公司流向市场。

●年金协会住宅区

　　赫尔辛基芬兰年金协会住宅是为其职工所建的，位于郊区的曼基尼米半岛上。所有的单体建筑都沿场地周边布置，这样留出了大块绿地作为公共活动场地和公园。在建筑汇聚之处，向四处伸展的单体都以短边靠在一起，并在那里设置了商店和一个小广场，形成社区中心和一个节点。设计中包括的幼儿园未能建成，否则可以带来更多的社区中心的气氛。这里阿尔托主张："一个城市的邻里应该是个小型的能自我维持的单元，在小范围内赋予居民以场所归属感，并且表现出城市特征，用来区分出特定的场所。"

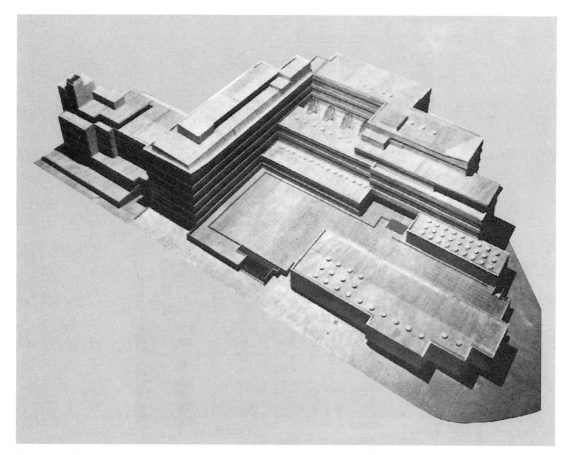

图 15-2　模型

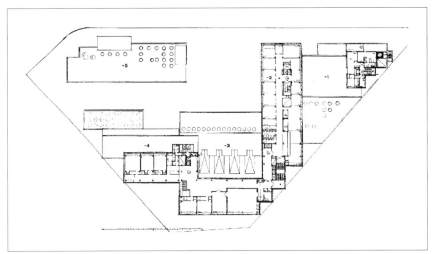

图15-3　理事会层平面

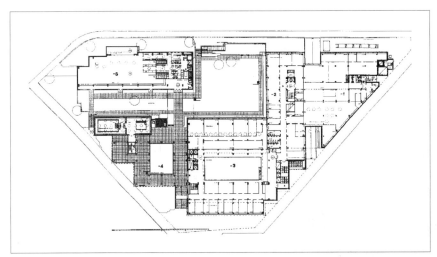

图15-4　办公层平面
（标高与内院平）

图15-5　沿路外观

图 15-6　面向公园的庭院

图 15-7　大厅天窗

图 15-8 侧面外观

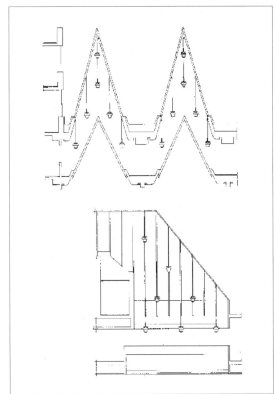

图 15-9 大厅天窗剖面

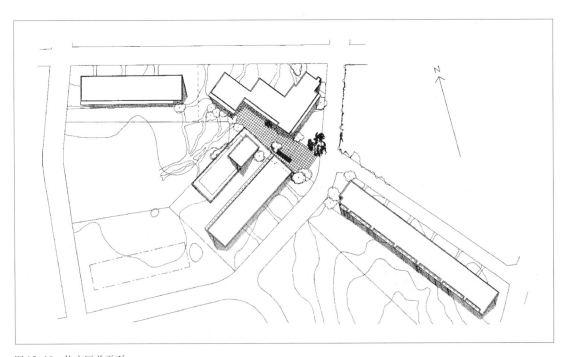

图 15-10 住宅区总平面

图 15-11　住宅区远观

图 15-12　住宅区近观

16 芬兰 于韦斯屈莱大学建筑群·1953 — 1975

Buildings in Jyväskylä University, Finland

图 16-1 从柱廊看于韦斯屈莱大学校园

　　于韦斯屈莱市是中芬兰省的一个城市，基本上可称是大学城，它是芬兰国内用芬兰语上课的第一个教育中心所在地。于韦斯屈莱大学的前身是于韦斯屈莱师范大学，其创建与该市的优良传统有着密切的关系。在阿尔托 1950 年设计竞赛夺标后，直到 1953 — 1957 年才开始建造。该校不仅是教育系统中的最高学府，而且还因为与它在一起的报告厅、音乐厅、会议厅可以对外开放而成为全市的智育中心。

　　学校建筑总平面呈"凵"形围绕着中间的校园，其主体部分是最重要的教育系以及图书馆、试验学校、带室内游泳池的体育设施，宿舍和俱乐部，在建筑区内不允许车辆通行。不同的单体均有两个入口，一个面向停车场，另一个面向内院，为步行者服务。

　　师范大学的试验学校内包括一座小学，用于大学生的教学实践。它相当大，建筑各翼每层平面共有 6 个教室，彼此通过与楼梯的结合形成组团。这样作为整体就好像是由几个更小的相邻学校组成的。

●于韦斯屈莱大学体育系（Athletics Department of the University of Jyväskylä）

　　于韦斯屈莱大学体育系是原先阿尔托于1950年设计竞赛获奖项目的一部分。1967－1968年间进行具体设计，1968－1970年建造。它位于大学内院的尽端，是建筑群的边界。系里包括图书馆、研究机构、报告厅、研讨室以及小型医务室。其体育馆用以举行球类比赛，并放置有体操器械，为女子体操和芭蕾训练提供场所。体育场也供市体育协会使用，举办综合运动会。

●于韦斯屈莱大学室内游泳池

　　新的室内游泳池是于韦斯屈莱大学体育系中的一部分，也是原有游泳池的扩建。1963－1975年建造。它同时面向广大公众和当地的游泳俱乐部开放，也用于举行大型的游泳比赛。大小不同的游泳池布置在开放平面中，空间上彼此分隔，这使教学与训练可以同时进行而且互不干扰。

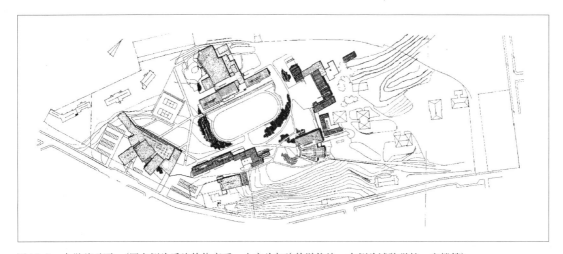

图 16-2　大学总平面　（图左侧为后建的体育系，上方为加建的游泳池，右侧为试验学校、主楼等）

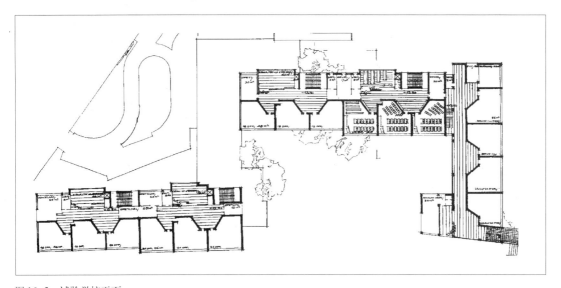

图 16-3　试验学校平面

97

图 16-4 校园建筑

图 16-5 入口大厅

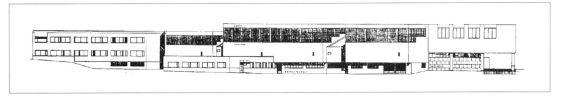

图 16-6　体育系立面

图 16-7　体育系远景

图 16-8　体育系东南外观

图 16-9　体育系入口大厅之一

图 16-10　体育系入口大厅之二

图 16-11　游泳馆南立面

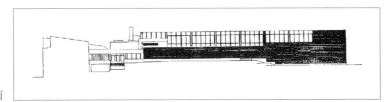

图 16-12　游泳馆北立面

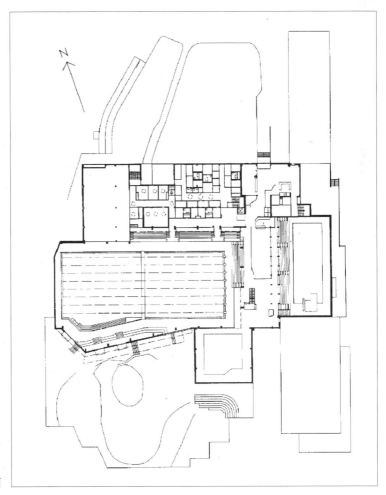

图 16-13　游泳馆平面

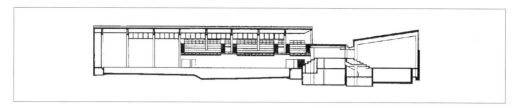

图16-14 游泳馆剖面

图16-15 游泳馆室内之一

图16-16 游泳馆室内之二

102

17 芬兰 赫尔辛基 拉塔塔罗商业办公大楼·1953 — 1955

The Rautatalo Office and Commercial Building, Helsinki, Finland

拉塔塔罗商业办公大楼又称"铁楼"，得名源于它是芬兰铁商联盟的总部。在阿尔托1952年设计竞赛中获一等奖后于1953 — 1955年建造。设计中所面临的最大挑战是如何将新建筑融于古色古香的环境中，因为其地理位置正处在以1925 — 1930年间建的办公楼为主要特征的赫尔辛基市中心地段。这一课题在阿尔托以后相继设计的恩索·古特蔡特总部办公大楼，斯堪的纳维亚银行办公楼，学术书店中都不断碰上，阿尔托在"铁楼"设计中所用的具体手法在这四个设计中也始终一脉相承。

阿尔托设计的重点是沿街立面，他设法使结构开间与周围环境相协调。他用轻质的金属框罩在钢筋混凝土结构上，似乎贴了一层规则匀称的网格。立面材料运用芬兰盛产的钢材，并用软木绝缘。大厅里墙面用特制的大理石板，而室内廊道栏杆运用了

图17-1　拉塔塔罗商业办公楼外观

凝灰石材料。在平面布局上，阿尔托设计了一个天窗采光大厅，显示出对于维普里图书馆天窗设计的进一步发展。他把灯光装置放在天窗之上，这样夜里灯亮时，感觉上如同白昼，在冬天还可加速融雪。

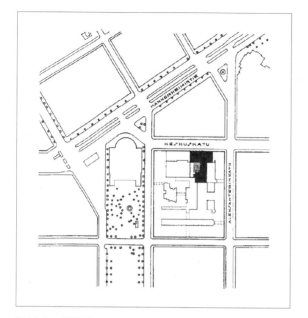

图 17-2　总平面

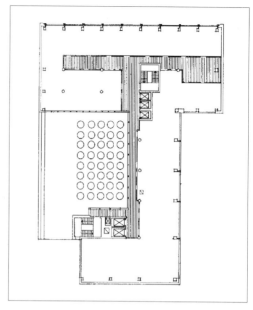

图 17-3　标准层平面

图 17-4　立面细部

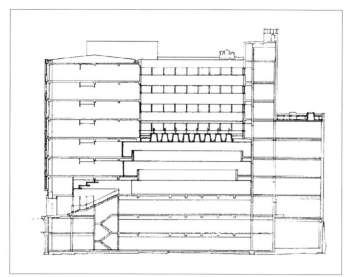

图 17-5 剖面

图 17-6 大厅

芬兰　赫尔辛基　阿尔托事务所·1955

Aalto Studio, Munkkiniemi, Helsinki, Finland

图 18-1　阿尔托事务所外观

　　新的阿尔托事务所于1955年建在赫尔辛基市外的花园城曼基尼米，能满足一个建筑事务所所需的各种空间要求。由于阿尔托与其协作者之间带有教学关系，所以还设计得像个"家"。他们这些训练有素的建筑师都在"家"的气氛中展开工作。

　　事务所里有两个大绘图室，每个都有自己的接待室、档案室与会议室，条件相仿，所以两者可以交换使用。建筑沿街面没有开窗，便于防止外界干扰。院内设计了一个半圆形露天剧场，供大家演讲、联谊或休憩，使这个小小的"家"一下子从日常工作事务中解脱出来，它是平面构图上的有机部分，在气氛上塑造了一种"地中海式的风情"。

图 18-2　室内

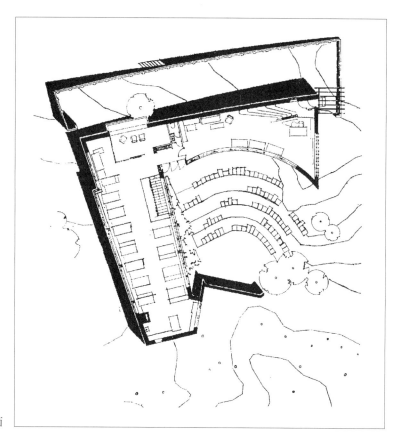

图 18-3　底层平面

19 柏林 汉莎公寓楼·1955 — 1957

The Apartment Block in the Hansaviertel, Berlin, Germany

图 19-1 汉莎公寓楼外观

这座公寓楼是在柏林"汉莎地区国际建筑博览会"上建的示范楼，它是第二次世界大战后出现的最重要的公寓住宅类型之一。阿尔托在此找到了一种理想的住宅组合方式，使一栋住宅楼能兼具传统公寓楼和私人小住宅的优点。因为传统公寓只是一种集合式住宅，它往往封闭单调，无法与户外的景观息息相连，而私人小住宅又常常只作为一个盒子放在院子里，显得过于空旷，缺乏安全感。所以阿尔托采用了一些变换生成的手法，成功地在住宅单元中把传统的小走廊式的阳台转换为一组房间围绕着的中庭晒台，从而在中庭与四周的房间中创造出一种亲切私密的气氛。这些住宅单元在整栋楼里的配置也是成功的，它们"成簇"布置在天然采光的楼梯厅周围，避免了堆叠千篇一律的公寓单元的感觉。

公寓楼在平面布局上呈"凵"形，东侧凹进的入口处分成两层，底层通向电梯和汽车、自行车库以及地下室，上层入口通往住户的公共门厅，公共门厅西边有斜坡可以直接通向儿童的活动场地。整个房子的外墙面用4英寸厚的Leca(轻质膨胀粘土骨料)板饰面， 具有特殊的水泥粉刷效果。

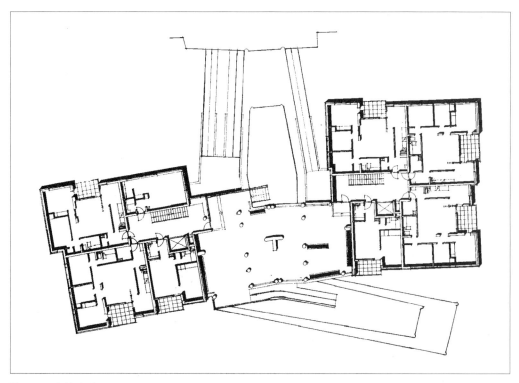

图19-2 底层平面

图19-3 门厅

图19-4 单元室内(左侧为阳台)

图 20-1 赫尔辛基文化宫外观

　　这个作品可算是阿尔托创作中"红色时期"的遗响。特殊的红砖布满了凹凸起伏的外墙面，使整个外观像一件凝重的抽象雕塑。

　　赫尔辛基文化宫主体供几家工会会议使用，另外还可以用来举办音乐会。阿尔托的设计使得两者都能取得完善的音响效果。会堂平面采用贝壳形，墙体为混凝土，内墙饰面用木材和面砖搭配，使墙和天花都能同时吸收或反射声波。

　　阿尔托非常注重大厅的室内外空间综合效果。使室内既满足了音响要求，又没破坏整体的建筑韵律，在木天花与墙体的交接上，也都显得十分利落。在外部，不规则形体密切配合内部空间的变化，使墙体因之而弯曲起伏，富于动态效果。

图 20-2　曲线外墙

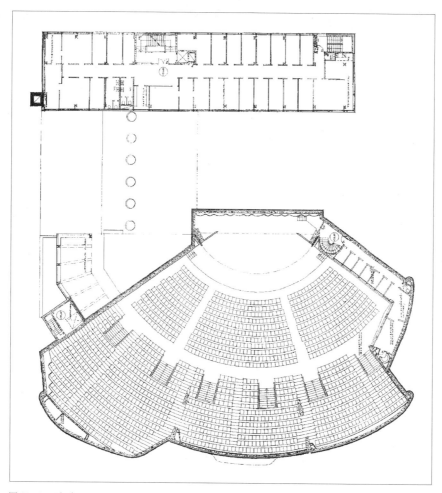

图 20-3　平面

图 20-4　大厅

图 20-5　天花与墙体的交接

图 21-1　伏克塞涅斯卡教堂西面外观

　　伏克塞涅斯卡教堂是阿尔托"第二白色时期"的重要作品，于1956年设计，1957 — 1959年建造。

　　教堂坐落在一片枞树林中，四周工业烟囱林立，为此阿尔托特意设计了一座别致的钟塔，与烟囱形成对比：烟囱指向天空，而钟塔却如天外来矢，直插大地。"箭"的顶部有三支"翎毛"，内架三口钟，它们与教堂内分成三个空间，祭坛上放三个十字架一起象征了圣父、圣子、圣灵三位一体的基督教基本精神。塔身材料为白色混凝土，其侧翼增强了钟塔的稳定性，它的构造体还成了反射板，用来加强钟声的音量。

该教堂的内部可以用活动隔墙划分为三个空间，使用方便灵活，这也是阿尔托所热衷的手法。其北边的空间里布置了雅致的祭坛，讲经坛和管风琴等教会设施，并有单独的出入口，一共可容290人，除做礼拜外还可以举行婚丧仪式。当隔墙全部打开时，它和另外两个空间就连接起来，形成一个可容800人的大空间，其主入口设在南端。另外，还有一些辅助用房位于教堂西部，可以单独进出。

路德教的礼拜仪式使教堂采用了不对称布置。平面上一边为直线，另一边用了三个连续的曲面，曲面形状根据声学要求而定。同样的不对称还体现在垂直方向：地面十分平坦，而铜皮的屋顶却呈碗状反扣，紧紧地抑制住了白色壁面浮升而起的动感。阿尔托对这座教堂的声光设计也可谓是周详备至。他用专门的模型来研究音响，在模型内的各个地方装了在水平和垂直方向都能自由晃动的反射板，光源放在圣坛处，发出光线打在板上，以此推断声波的音量和方向。在光线处理方面，主要用高窗采光，中厅的部分光线还来于竖向混凝土框做的侧窗。由上可知，阿尔托这位有机建筑师在这座全新的教堂中也没有放弃对"功能理性"的追求，当然教堂的整体形式主要还是来自他的经验和一种对抽象性形体的直觉。在阿尔托身上，理性与浪漫情调始终是水乳交融的，在细部处理方面也是这样。伏克塞涅斯卡教堂的管风琴、窗户、天花等等，无不既契合功能，又形式新颖美观，每有创意。如文丘里在其《建筑的复杂性与矛盾性》中就曾指出其侧面墙上内窗洞与外窗洞脱开，可以同时调节光线和表现空间，这种方法的运用当时是"独一无二"的。

图 21-2 侧墙上的两层窗洞

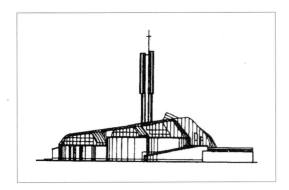

图21-3　西立面

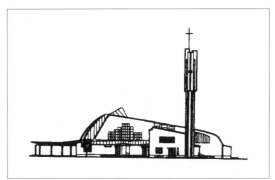

图21-4　东立面

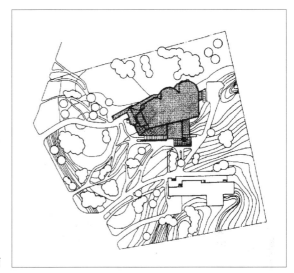

图21-5　总平面

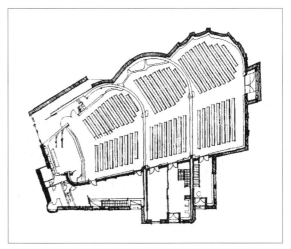

图21-6　平面

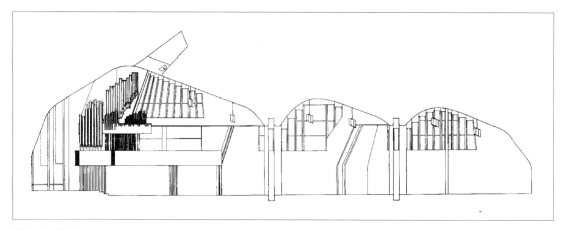

图 21-7　剖面

图 21-8　祭坛

图 21-9　钟塔

图 22-1　卡雷住宅东面外观

这座住宅是阿尔托和他的第二个妻子埃利莎·玛基尼米(Elissa Makiniemi)共同创作的作品。

住宅的主人卡雷是一位著名的艺术商，感觉敏锐，见识丰富，当他从杂志上看到阿尔托设计的芬兰建筑之后，在威尼斯找到了阿尔托，以后进行的芬兰之旅更使他领略到了玛利亚别墅等作品的优美，于是郑重委托阿尔托帮他设计这座住宅，并要求住宅能用来陈列油画与雕塑等艺术品，但又须避免一般的展览式空间。另外他还请阿尔托除负责建造房屋之外帮他设计所有的如家具、灯具、织物、饰物等的细部以及搬进住宅中的一些设备。正是由于业主高度的信任和不俗的鉴赏力以及充分地理解，使阿尔托如鱼得水，经长期费心探索，使它成了一代名作，这一情形很容易使人想起考夫曼委托赖特设计流水别墅时的情形。

卡雷住宅位于一座山丘顶部，四周的栎树林铺满了整个环境，到达入口的通道蜿蜒曲折，随着住宅边上花园的临近，景色不断变化，这成了作品构思的出发点。如果说与同样也在巴黎近郊的勒·柯布西耶萨伏伊别墅有区别的话，那就是卡雷住宅由整个背景所簇拥，如与大地共生，而萨伏伊别墅则如磐石与四周环境对峙。阿尔托除对房子作认真设计之外，还对四周的花园也作了精心布置，东向的大踏步就如潮水上涌一样自然。

卡雷住宅的平面布局为：西侧设入口，南边为起居室，西南角是工作室和有屋顶的开敞平台，东向设卧室，北部是厨房、餐厅等辅助用房。阿尔托很讲究室内外的结合，所以基本上每个主要房间都有一处相应的室外空间或小院。整个房子用一个大斜坡统一起来，屋顶从北往南逐渐加高，屋顶之下用了肋形木板天花，局部呈曲线状。阿尔托对住宅与周围的灌木及林木的融合也动了脑筋，设计了花池等一系列小品使建筑与周边地面产生连续关系。在色彩上，他对材料的选择与调和十分重视，采用了当地特有的多孔石墙，内外均有特殊的饰面，屋顶的蓝色石棉瓦则来自诺曼第。整个立面用白色基调统一起来，然后通过灰暗色的天沟及铜制装饰衬托出了整个建筑物的轮廓。

　　卡雷住宅的空间及流线也十分出色。其入口门廊是空间的起点，进入门厅之后，天花上的曲线舒展别致，并顺着屋顶自然流向南边的起居室。起居室宽敞舒适，与门厅空间的戏剧性变化形成对比，里边的大片矩形墙面上，陈列着各种艺术品。起居室又通过室外平台，透向户外。而卧室一类的安静空间则用中厅的墙分隔开来。卡雷住宅最终塑造成了一处空间舒畅，造型别致，光线柔和的温馨之家。

图 22-2　主入口

图 22-3　西面外观

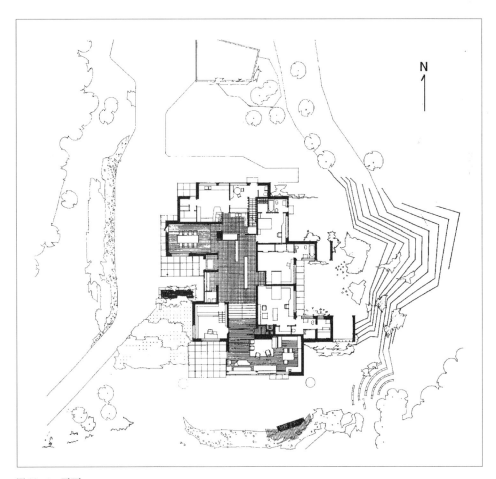

图 22-4　平面

图 22-5　东北角外观

图 22-6　门厅(右侧为起居室)

图 22-7　起居室

图 22-8　餐厅

芬兰 罗瓦涅米 柯卡罗瓦拉住宅开发区·1957 — 1961
Korkalovaara Housing Estate in Rovaniemi, Finland

图 23-1　柯卡罗瓦拉住宅外观

　　该住宅开发区于 1957 年设计，1958 – 1961 年建造，是为当地低收入者造的，所以造价限制很大。它的业主是开发塔皮奥拉(Tapiola)住宅区的房产公司，罗瓦涅米市政当局也在经济上给予了一定支持。尽管条件不很宽松，但阿尔托还是粗粮细做，探索了多种住宅形式，如双户住宅，连排住宅，从一间半到四间半不等的公寓房等。针对这一点，阿尔托说："在为低收入者建造的住宅中最糟糕的是由于某些不合理的造价限制，形成了很不人道的单调乏味。解决的办法是尽可能地创造更多的类型以供居民挑选。"

　　在这片开发区的建设中，阿尔托除了提供多种户型之外，还考虑了与地形的结合，并把防御当地的严寒与房屋设计结合起来，如采用了双墙厚的外墙，窗子上用了三层玻璃等等。

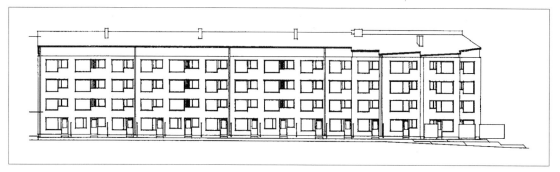

图 23-2 立面

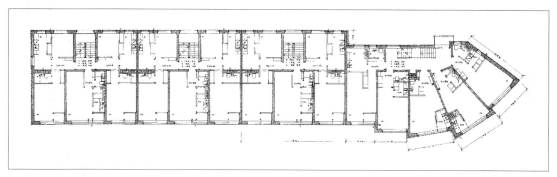

图 23-3 平面

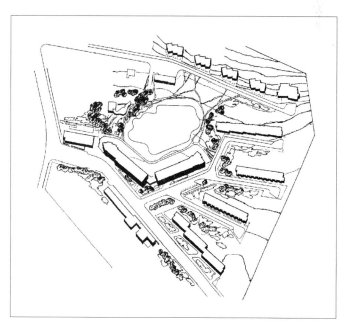

图 23-4 总图

图 24-1　亚琛剧院外观

　　亚琛剧院采用1958年完成的竞赛获奖方案，后又经两度修改，1976年阿尔托去世以后，由哈罗德·戴尔蒙教授按照最终方案予以实施，直到80年代才全部建成。

　　剧院位于德国亚琛市中心，莱茵河的西岸，在火车站以南的城市公园一角。整座建筑由两个不同高度的体块组成，并且都罩在巨大的单坡屋顶下面，用波浪形的外墙面围合起来。剧院的入口雨篷做成薄薄的一片嵌在体块之中，为从公园西南角到来的观众撑开了一把"雨伞"。剧院墙面选用灰白色的花岗岩，并由两种宽度的竖向面板交替拼贴，形成了连续的韵律。它的立面开窗采用了规则系列与不规则系列两种方式，其中较低部分如辅助用房开正常尺度的窗子，而围绕前厅和观众厅的较高体块上设通长的竖条窗，并随意分成几组，错落有致。另外这部分墙面上的窄板略略突起，形成了细细的涟漪。这两种窗子产生了不同的隐喻，正常的窗子反映了日常生活，而自由的长窗与它面对的公园中的大自然相呼应。尤其落日的阳光洒进前厅时，令人联想起北欧的太阳透过针叶树而落到地面上产生的缕缕光影。

　　剧院的流线是这样的，人们绕过船头一样的售票厅，从西边穿过门斗走向门厅，接着步向前厅和观众厅。观众厅是阿尔托室内设计中的一个杰作，装饰得如同神秘的星夜。墙面、天花、坐椅和帷幕全部采用深蓝色，而白色的楼座就像天上飘浮的白云，从细部装修到整体空间都十分精彩。观众厅宽敞不对称，最多能容1125人，音响效果也很好，又一次体现出阿尔托高超的设计技巧。

图 24-2　室内

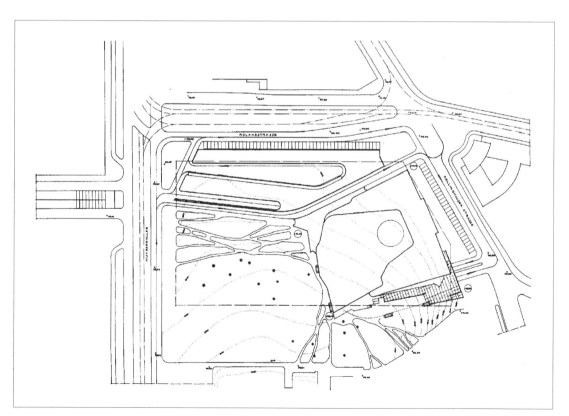

图 24-3　总平面

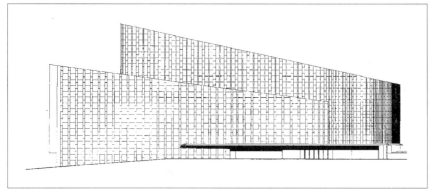

图 24-4　立面

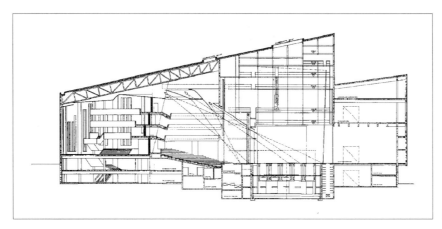

图 24-5　剖面

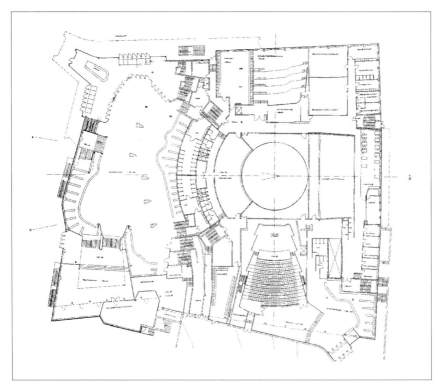

图 24-6　底层平面

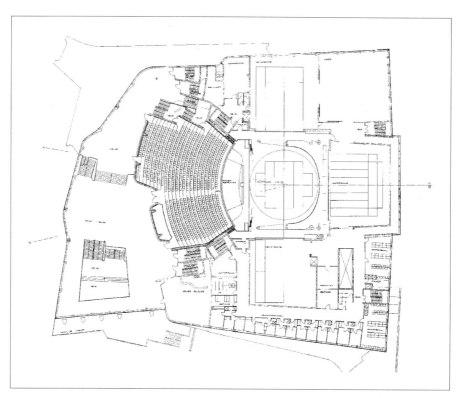

图 24-7 观众厅层平面

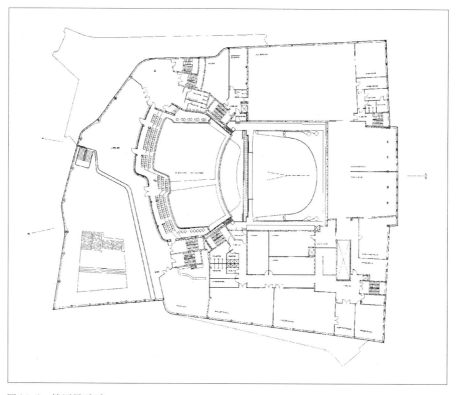

图 24-8 楼厅层平面

图25-1　塞奈约基市中心外观(左侧为市政厅，中间为钟塔、教堂、教区中心，右侧为图书馆)

　　塞奈约基位于芬兰西部，是一个农业中心，早年曾集一时之盛。长期以来它就是一个转运枢纽，因而也成了农业产品的集散中心，一条晶莹明澈的河流从镇上穿过。起先它一直是个教区，自1960年1月1日才升格为市。由于发展没有规划，所以显得混乱无序，尤其是缺少一个真正的市中心，其原中心位置始终被一组杂乱的建筑包围。为此在50年代举行了两次竞赛，分别是1952年塞奈约基宗教中心设计竞赛，1959年教堂将完工时又进行的市政厅、图书馆、剧院等市政中心设计竞赛。阿尔托在两次竞赛中都力拔头筹。

　　塞奈约基市中心建筑群的特点之一是由于两次竞赛时隔七年，虽然方案为一人所出，但仍不免产生出时间距离感。当然这与前后两次竞赛的内容恰好是宗教性与世俗性建筑的对比也有一定关系。然而以杰出的建筑师一人之力所创建的市政中心并不多见，所以从这点来讲，赛奈约基市中心十分引人注目。它的实现意味着芬兰的社会秩序和社会平衡状态被热爱家乡的阿尔托转译成了建筑。在教堂前的高大钟楼被阿尔托取名为"平原上的十字架"，耸立在塞奈约基的大平原上，以水平展开的建筑群为基座，像哥特教堂一样既有宗教意味，又象征了市民精神。

　　由于竞赛的指导原则是车人交通分开，为此阿尔托考虑设计了三个广场。其中教堂之前的广场可以视为教堂的扩展，因为面向广场的墙体可以通过打开门使总计15000人参加宗教仪式(塞奈约基市是芬兰中北部的宗教中心)。第二个广场位于市政厅、图书馆和教堂的附属建筑之间，又称市政广场。在它靠市政厅一边建了平台，显示了阿尔托优雅的形态设计手法，并表示出他试图创造一个多功能活动场所的理想。第三个广场是个交通广场，用作停车区，在市政厅与剧院的一侧，与前两个广场相隔绝。另外塞奈约基市的一条主干道与市中心相交，并在十字路口变宽，形成了一个星状广场，使车流得到了良好的控制。

●塞奈约基教堂和教区中心　(Church and Parish Center in Seinäjoki)

　　塞奈约基教堂是芬兰中北部地区的中心教堂，在阿尔托1952年设计竞赛中标后，1958－1960年建造，教区中心则在1963年设计，1964－1966年建造。它的钟楼是塞奈约基市的标志，同时也是了望塔，能俯瞰大海、农村和森林。市区四周的辽阔平原，是阿尔托灵感的源泉，使他创造出了钟塔这个简明的白色作品——一个矗立在无边平原上的十字架。它的意象明白地显示了建

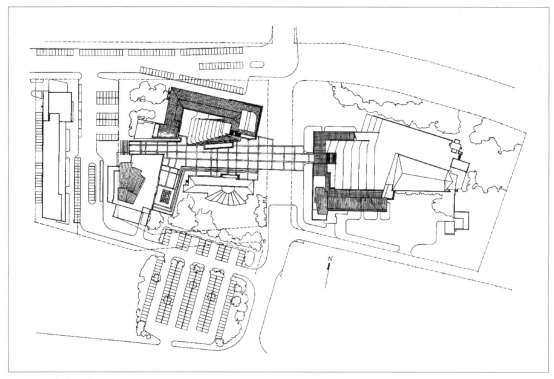

图25-2　市中心总平面

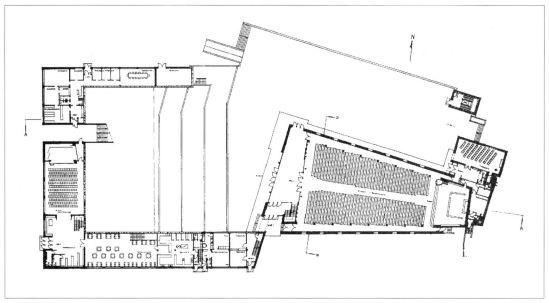

图25-3　教堂和教区中心平面

筑师对宗教的敏锐直觉，并说明了芬兰人的血液中始终浸透着狩猎部族的自然宗教观。塞奈约基教堂的另一个重点是它前面的大平台，它地处枢纽，统一了市中心的整体布局。(原先方案曾希望创造一种僻静内敛的气氛，利用通道来通向前庭，但由于后来的市政厅放在教堂对面，为了取得整体感，阿尔托于1963年兴建教区中心时，设法营造了现在开放宽敞的气氛。)

●塞奈约基市政厅 (Town Hall in Seinäjoki)

塞奈约基市政厅是市中心设计第二次竞赛中的组成部分，于1961－1962年设计，1963－1965年建造。整个外观令人想起鸟之尖啄。它靠近广场处的立面高低起伏，而靠道路一边则平平淡淡，窗户亦少。整个墙壁表面贴着视觉效果很强的青色"C"型面砖。

市政厅的重心是会议室，因其带天窗的高屋顶而特别醒目。靠广场一侧有一部室外大楼梯，楼梯边是层层叠叠的大台阶，成为广场上的高台。大台阶与广场间还设了喷

图25-4 教堂和钟塔

泉，烘托出公共生活的气氛。建筑的主入口设在会议室下边，另外还能通过室外楼梯进入会议室。办公部分位于二层，与普通办公室布置一致。由于结构采用了框架，所以内部划分十分灵活。市政厅还能随时加以扩建，它与早已建成的教堂形成了一种鲜明的对比，共同成为市中心复合体的主角。

●塞奈约基图书馆 (Library in Seinäjoki)

塞奈约基图书馆也是1959年市政中心竞赛中的一部分，1963－1965年建造，它的白色墙面形成了市政广场南向的边界。整个建筑分成两个大体块，规则体块之中设置办公室、门厅、中厅，而南边的扇形体块则为阅览大厅。一曲一直的组合是阿尔托的传统手法。附加书库和职员办公室位于地下层，立面上饰以富于韵律的竖棂密窗，而扇形体块上的窗子则装着密排的横棂。整个建筑立面粉刷为白色，屋顶用铜皮，显得清新素雅，它所具有的单纯保守的外观与对面市政厅标新立异的造型之间也形成了鲜明的对比。

图 25-5 教堂室内之一

图 25-6 教堂室内之二

图25-7　祈祷室内部

图25-8　市政厅北向外观

图 25-9　市政厅侧面外观

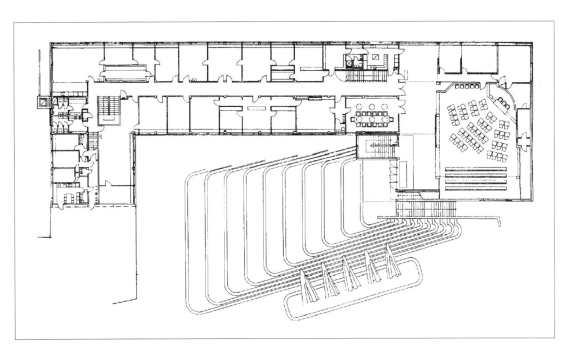

图 25-10　市政厅上层平面

图 25-11　市政厅会议室

图 25-12　图书馆近景

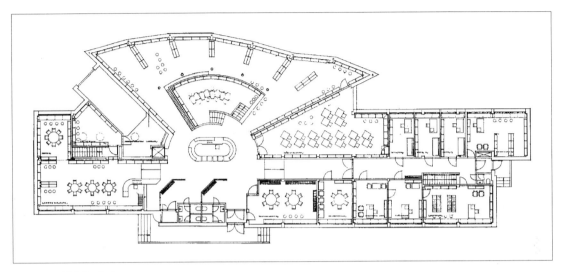

图 25-13　图书馆平面

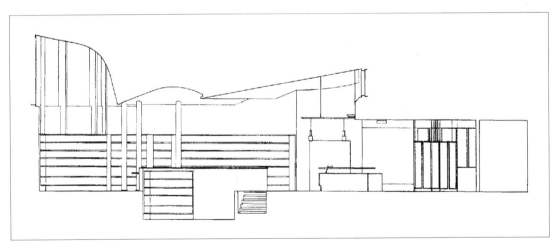

图 25-14　图书馆剖面

图 25-15　图书馆远景

图 25-16　图书馆室内

德国 不来梅市高层公寓大楼·1958 — 1962
Neue Vahr High-Rise Apartments, Bremen, Germany

图 26-1　不来梅市高层公寓正面外观

　　德国不来梅市的诺瓦尔区是当时欧洲一次投建的最大房产开发区之一,而这22层的高层公寓则是新区中的重点所在,也是阿尔托晚期的著名作品。它位于一片商业区里,在秀丽的人工湖边上,1958 年设计,1959 — 1962 年建造。

　　该建筑是座通廊式大楼,高22层,每套房间均成扇形布局,从而扩大了每户的向外展开面,增加了阳台和窗户面积,利于开阔视野,另外还可以使走道和服务性面积减少。大楼里每套户型的房间很少，只有1至2个，供短期居住的住户使用。每户之间的阳台因特别的外墙形式而显得私密性很强。

整栋大楼采用钢筋混凝土结构，平面形式象征着飞翔的蝴蝶，南面的外观带着阿尔托惯用的波浪手法，微微变动的曲线使公寓的巨大体型显得生动活泼。

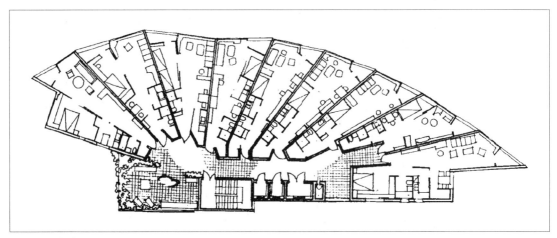

图 26-2　平面

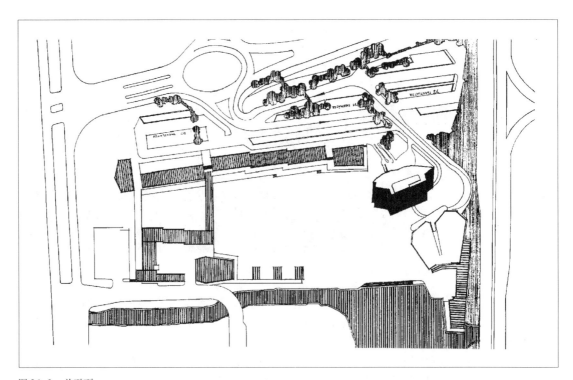

图 26-3　总平面

图 26-4　背面外观

图 26-5　正面底部近景

图 27-1 中芬兰博物馆外观

　　中芬兰博物馆是座朴素的小博物馆，于1959 年设计，1960 – 1962 年建造。它主要用于展览特殊的旅游展品，另外还拥有一间中部芬兰传统用品收藏室。它的场址选在树木苍翠的坡地上，所以在设计时阿尔托特意少砍林木。在它的不远处以后又建了也是由他设计的阿尔托博物馆。整座建筑的室内外墙面、混凝土框架，甚至木材贴面都涂成白色，非常素雅，只有屋顶用了铜皮，细细勾勒出房子的轮廓。在主要平面上，阿尔托设计了大展室和自助餐厅，展室可以灵活地划分。对于展室的处理，阿尔托在简单的条件下还是充分发挥了功能理性上的特长。他设计了隔层，并使上部后退，从而形成了侧高窗采光，在下部他则结合运用竖窗和天窗采光，效果良好。

图 27-2　室内之一

图 27-3　室内之二

图 28-1　古特蔡特公司总部大楼外观

　　这是芬兰大型纸张和纤维素企业的总部大楼，位于赫尔辛基市老区中心。从总体布局上看，它正处于老区和大海的衔接地段，又恰好是赫尔辛基市壮观的爱斯普兰纳德大道的轴线终点，位置十分显要。它背后是由恩格尔(Engel)于 1831 — 1833 年所建的希腊十字式大教堂，边上靠着广场。由于四周的历史特点，所以如何创造一座能与之相协调的新建筑成了关键。阿尔托重点构思了带有古典意味的纯现代立面，很接近密斯风格。他根据楼层高度设计了一幅规则的方形网格。但与密斯不同的主要是表面材料上不用钢框而用白色和蓝灰色的大理石板组成框格，底层和屋顶局部用金属板材和铜皮。阿尔托的这一网格立面就像整个建筑体量上的一道屏风，突出了整体面的感觉，使人联想起文艺复兴初期的屏风式立面，与四邻取得了呼应。在方格上的斜边还加强了对天光和海面闪光的反射。

　　这座大楼含地下室一共 7 层，平面上柱子布置疏朗便于灵活分隔。

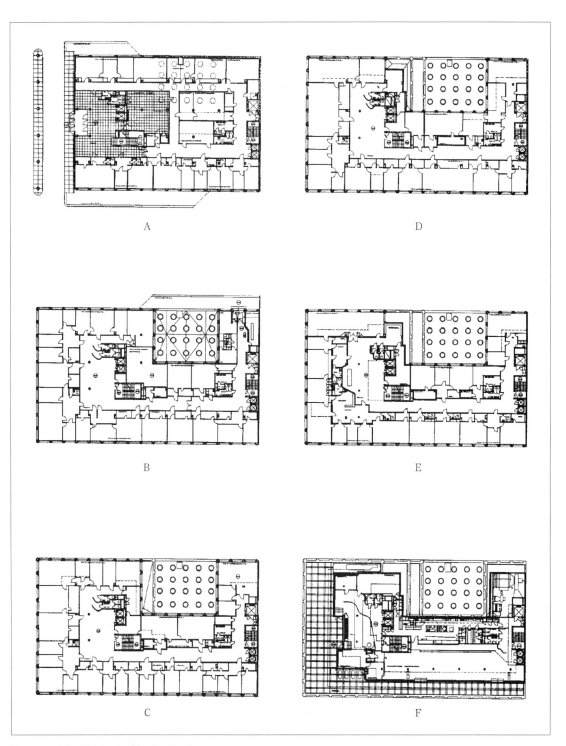

图28-2　各层平面 A、B、C、D、E、F

图 28-3　侧面外观

图 28-4　背面外观

图 28-5　入口门廊

图 28-6　立面细部

图 29-1　沃尔夫斯堡教区中心背面外观

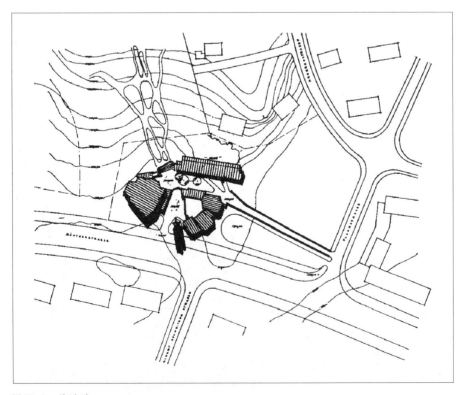

图 29-2　总平面

沃尔夫斯堡教区中心位于德国工业城沃尔夫斯堡市住宅区中间的高地上，1959年设计，1960－1962年建造。它由一组三幢分离的建筑组成，即教堂、会堂和综合楼，其中综合楼内设有牧师住宅、管理部门，各种年轻人的俱乐部和活动设施。教堂和会堂围绕广场布置，形成了建筑群主体。广场在面向干道的一边封闭，并在那里修建了一座独立的露天钟塔。广场和公园通过一条狭窄的车道连接起来。整个建筑群中，钟楼和教堂形体过渡自然，宛如一体。尤其钟楼与塞奈约基教堂的钟塔及伏克塞涅斯卡教堂的钟塔各有千秋，富于宗教色彩。

图29-3　正面外观

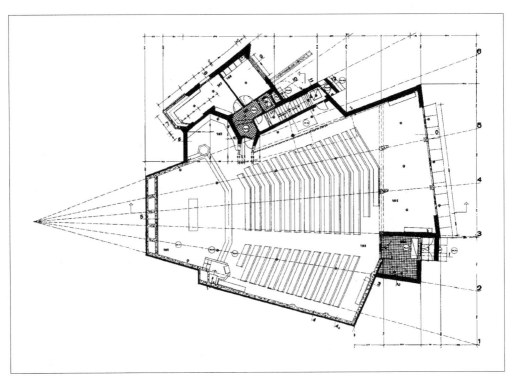

图 29-4　教堂平面

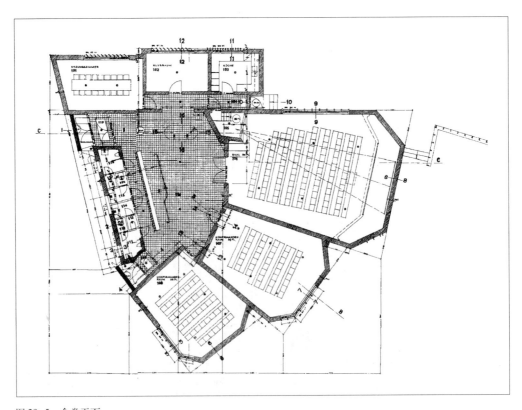

图 29-5　会堂平面

图 29-6　教堂室内之一

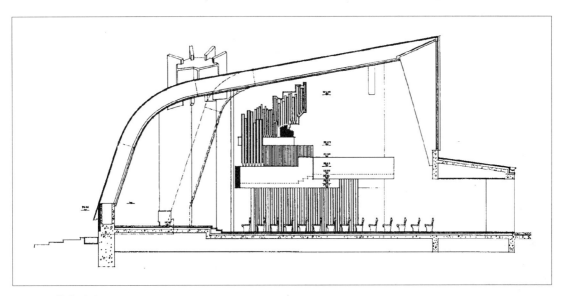

图 29-7　教堂剖面

图 29-8　教堂室内之二

图 29-9　教堂室内之三

德国 沃尔夫斯堡文化中心·1959 — 1963
Wolfsburg Cultural Center, Germany

图 30-1 沃尔夫斯堡文化中心北面外观

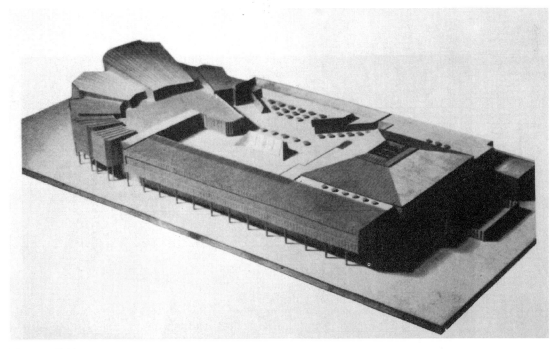

图 30-2 模型

沃尔夫斯堡文化中心是阿尔托于1958年参加竞赛夺标的一个作品，建于1959－1963年，坐落在市政厅广场和一座公园之间。其主入口朝向东侧广场，公共图书部面向公园，商店部分对着北边的城市主干道。它是城里重要的文化场所，扮演着类似希腊广场的角色，为当地居民日常枯燥单一的工作带来了一抹亮色。

由于基地大而内容丰富，所以阿尔托采用了满铺的方法，但在形体上还是化整为零，作了各种划分，特别是把会议室和几个讲堂直接面向市政厅广场展开，就像蝴蝶展翅一样形成了不断起伏的韵律，并通过上下两层的虚实对比形成了轻松活泼的构图。

文化中心的功能布置大致如下：地面层由东往西分别为入口门厅、多功能大厅和青年中心门厅，从北向南依次为商店、多功能厅和图书部；二层起从东往西为会议室、讲堂、屋顶内院、青年中心游艺室、办公室等等。其中最令人注目的是一系列讲堂，它们均用天窗采光，会议室还另外装了侧窗。其次吸引人的是多功能厅顶上的屋顶内院，阿尔托把他偏好的这种形式用作公共活动场所，在它南侧有一个特制的天窗，可以兼作特殊场合中的背景。平面上的第三个重心是西边的一组活动中心，布置曲折复杂，在端部专设了一个小内院。

整个建筑朝着广场的墙面采用了克拉拉大理石板，深色的竖条纹和浅色的横条纹有机地编织在一起。底层外围采用了柱廊的手法，柱子的外表用铜皮饰面。门厅里的柱子设计得别具匠心，圆柱上贴了特殊的白色面砖，这种柱子造型使人想起阿尔托在圣诺马特报社、卡雷住宅门廊等作品中的各种柱子，它们一起组成了富有特色的阿尔托柱子系列。

阿尔托的这一作品既反映了文化，又体现出自然，造型丰富而又统一。而这种一体化又不同于立体派单一空间连接的一体手法，它的空间多样但又十分流畅，是通过对不同部分进行富于韵律地连续处理获得的。但阿尔托显然在空间处理上获得了比古典主义更为自然的组织层次，许多学者指出这是由于他遵循着类似生物界原则的缘故。

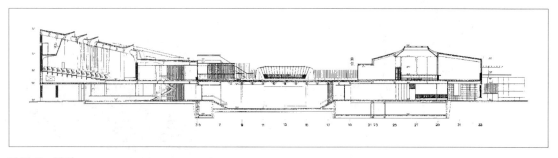

图 30-3　剖面

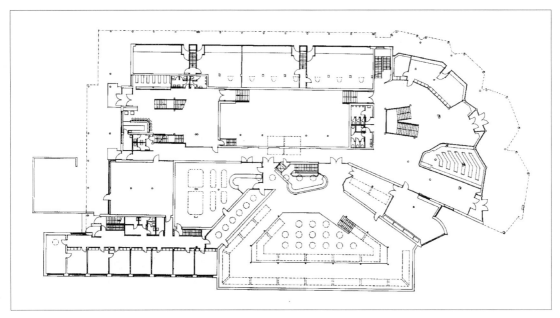

图 30-4 底层平面

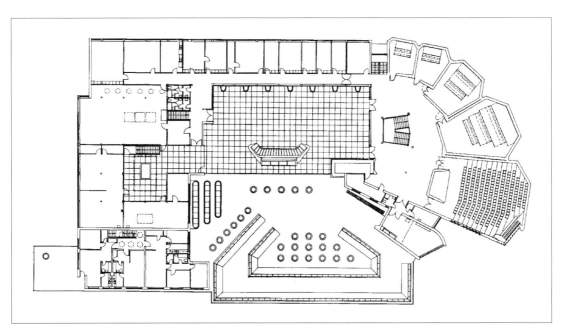

图 30-5 二层平面

图 30-6　东面外观

图 30-7　西面外观

图 30-8 屋顶内院近景

图 30-9 屋顶内院鸟瞰

图 30-10　柱廊

图 30-11　门厅

图 30-12　图书室

图 30-13　会堂天花与墙面装修

图 31-1　奥坦涅米芬兰理工学院主楼正面外观

　　为把有百年校史的芬兰理工学院从赫尔辛基搬出，移至奥坦尼米，1949年在芬兰进行了设计竞赛。阿尔托在竞赛中获一等奖，主要进行了总体规划和一些单体设计，具体工程直到1961年才开始进行建造。

　　校址以前是农舍和树林，占地约250英亩。校园内的建筑群主要分为三部分：1.理工学院主楼，包括预备班、大地测量系和建筑系；2.其它系科及其实验室、研究所，它们与主楼部分相连；3.主楼以东的学生宿舍、食堂、俱乐部、教堂、助教宿舍、体育设施，芬兰蒸汽浴室等等。

●芬兰理工学院主楼

　　芬兰理工学院主楼建在校园中部的小山丘上，1955年设计，1961 – 1964年建造。以前那里是座庄园，后来把它朴素的花园保留了下来，使它环绕主楼。主楼边的广场用于停车，而另一边是步行区，呈台地状，设计得如同公园。

　　主楼中最醒目的是礼堂，它朝向学生广场，采用半圆形平面，像古希腊的剧场一样。屋顶的倾斜与座位的规律上升一致，天窗也成排按阶梯形布置。主楼中教学部分围绕小院组合，并安排了小报告厅、实验室、研究室和办公室。它们共分成四组，分别是行政管理部门、普通用房、地质和大地测量系、建筑系。各组都能自由加建且不影响主体。

主楼的外墙材料主要运用暗红砖，黑色花岗石，白色涂料和铜质细部。天花出于音响效果考虑用木材和金属。

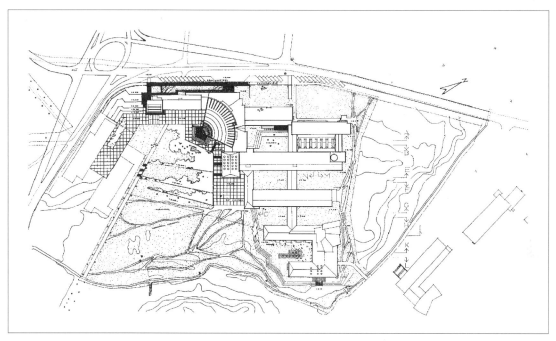

图 31-2　主楼总平面

图 31-3　主楼背面外观

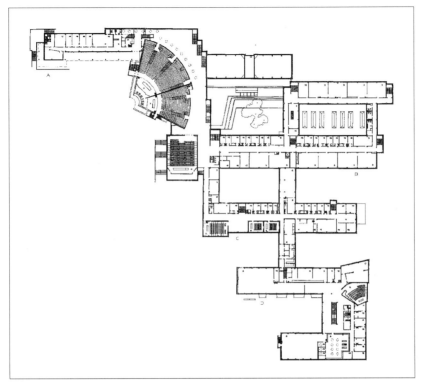

图 31-4 主楼二层平面

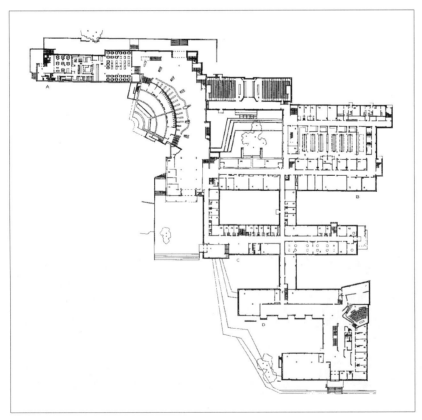

图 31-5 主楼底层平面

图 31-6 主楼侧面外观

图 31-7 主楼礼堂室内

图 31-8　主楼会议室内部

图 31-9　主楼建筑系绘图室

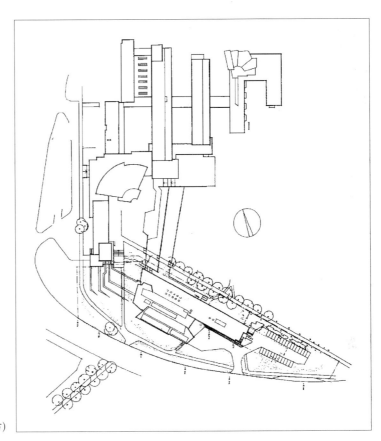

图 31-10　图书馆总平面(位于图下方)

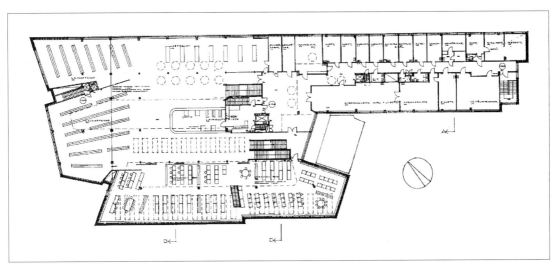

图 31-11　图书馆平面

图 31-12 图书馆西侧外观

图 31-13 图书馆入口

图 31-14　图书馆阅览室

图 31-15　图书馆流通部

●芬兰理工学院图书馆

芬兰理工学院的中心图书馆从1964年开始设计，1965－1969年建造。它是座大型综合图书馆，学生可以自由地进入各类房间，借阅厅中的图书可供读者自由挑选。地面层设有巨大的书库和各种用房，如研讨室、报告厅、打印复印室和语音室等。二层是各种阅览室和办公室，还放了许多机动的书桌。建筑的造型以红砖外墙为主，衬托着带状长窗，表现了现代思潮和地方传统的结合。

图 31-16　旅馆外观

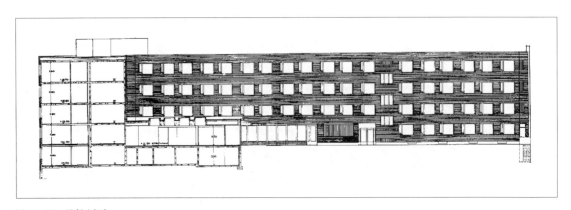

图 31-17　旅馆剖面

166

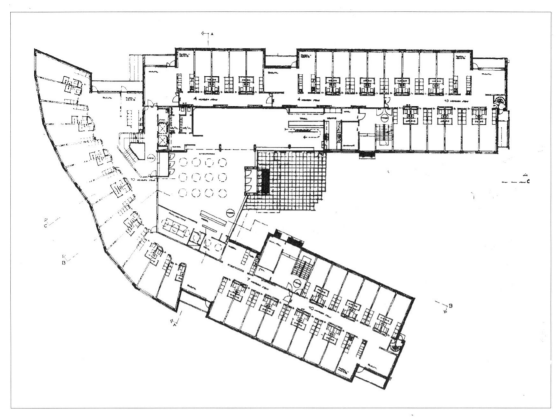

图 31-18　旅馆平面

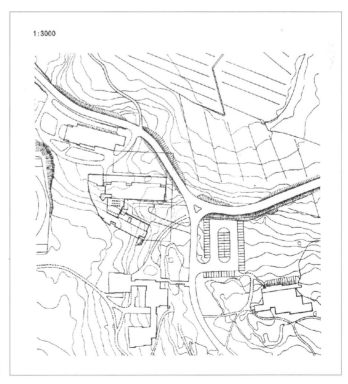

图 31-19　旅馆位置

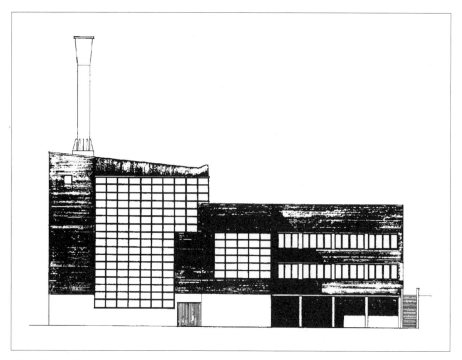

图 31-20　热能站立面

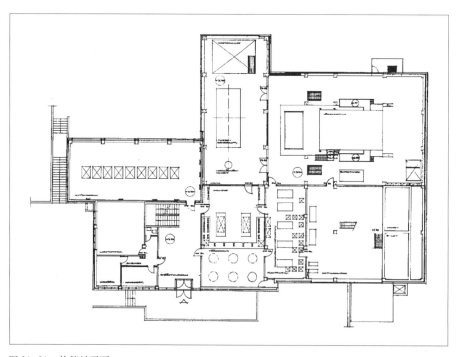

图 31-21　热能站平面

图 31-22　热能站外观

图 31-23　热能站远景

●奥坦尼米学生旅馆

　　该建筑用以补充学生宿舍，并当作招待所。它从1962年开始设计，1964－1966年建造。主入口位于半封闭的内院里，并在大厅里设有服务台和小自助餐厅。它每层的8－11个房间形成一个组团，每组带一个小厨房和一个公共客厅，而且都有独立的竖向交通道，彼此之间互不干扰。每个房间里还设了淋浴卫生间。

●芬兰理工学院热能站

　　该热能站在校园里位置居中，靠近主楼，建于1962－1963年。它为整个学校各组建筑群供暖并供应热水，此外它可以用作热工研究实验室，它的结构选用框架，使室内布置有充分的灵活性。外墙材料选用粗面砖、薄铜片，基座上用粗糙混凝土，大窗户上装了金属框，其相同部分可以互换。整个建筑并不大，但体块交接自然，构成味十足。

●芬兰理工学院水塔

　　该水塔于1968年设计，1969－1971年建造。它坐落在一片地势微微隆起的林区中间，造型朴素简洁，反映了建筑的真实感。

图31-24　水塔外观

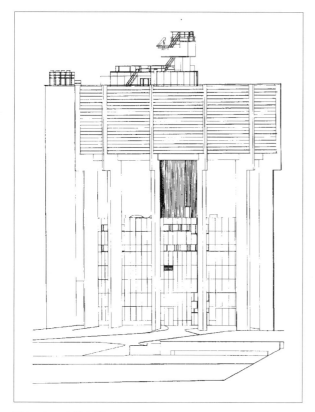

图 31-25　水塔立面

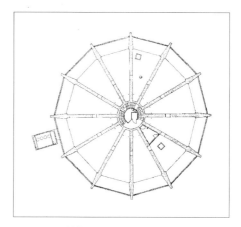

图 31-26　水塔顶面

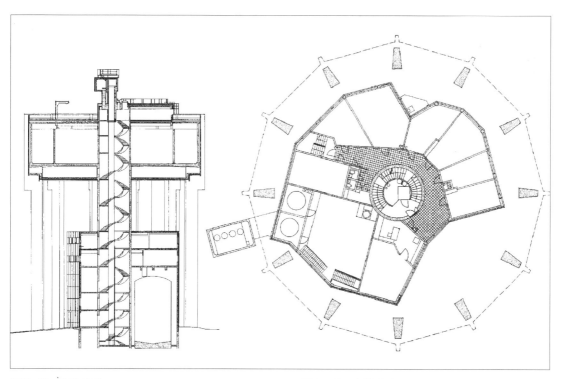

图 31-27　水塔剖面

图 31-28　水塔平面

斯堪的纳维亚银行办公楼于 1962 年开始设计，1962 – 1964 年建造。该建筑坐落在市中心干道上，四周大部分是 19 世纪中期和 20 世纪初的建筑，基本上属于新古典建筑风格。为了与环境取得协调，阿尔托运用了和恩索·古特蔡特大楼类似的手法，精心组织了网格式立面。侧墙材料运用了花岗石板，正面用铜质窗框和铜皮面板，从中可以看到密斯风格的影响。平面上，阿尔托在入口处设置了气派的柱廊，也比较引人注目。

图 32-1　斯堪的纳维亚银行办公楼外观

图 32-2　立面细部

图 32-3　门廊

图 33-1　乌普萨拉学生会大楼外观

　　这座大楼于1961年开始设计，1963－1965年建造。基地在一座巴洛克式花园里，给学生的露天集中提供了开敞的场所。阿尔托设法保留了这一特点，让整幢大楼——一个主要由柱子架起来的大厅在绿色的校园里"浮"了起来。

　　整座大楼主要由三部分组成，即大厅、俱乐部和图书馆。它的大厅造型由于有巨大的凸出部分而十分引人注目，大厅内设了电动隔墙，这早在于韦斯屈莱大学的大礼堂（1950－1957年）中已经得到应用，甚至可以认为阿尔托在玛利亚别墅门厅里的推拉门处理时，就有了类似的想法。这样整个大厅可以分成三部分，既可独立使用，又可同时使用，而且在集中使用的时候，没有任何临时凑合的感觉。大厅纵向的一边设了平台和舞台，在其入口则采用长廊式，长廊两边配了玻璃橱窗，用来陈列学生活动的纪念品和徽章，而大厅的侧面可直接通向俱乐部。

图 33-2　近景

图 33-3　大厅

图 33-4 大厅细部

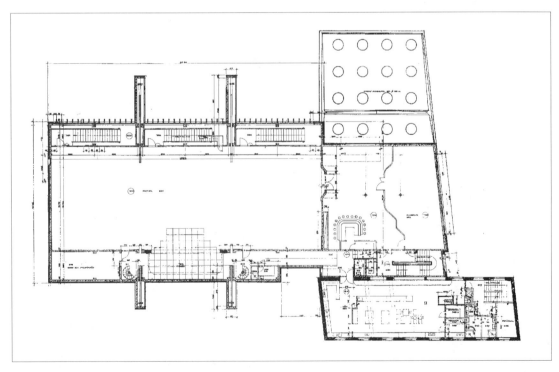

图 33-5 大厅层平面

34 芬兰 塔米萨里 埃克奈斯储蓄银行·1964 — 1967
Ekenäs Saving Bank in Tammisaari, Finland

34-1 埃克奈斯银行外观之一(右下角为入口)

　　阿尔托设计的埃克纳斯储蓄银行位于赫尔辛基附近的一个古老渔村。渔村名叫塔米萨里,那里陈年的白色房屋依着独立的花园,加上绿色的大树,深色的海洋,蓝色的天空,给村庄带来了一片滨海风情。埃克纳斯储蓄银行坐落在这样的环境之中,与四邻的房子一样通体白色,墙体或用白色大理石或粉刷,只有基部和院子里的铺地板用了灰色花岗石。建筑平面简洁,呈"L"形,在短边的一端是银行入口,由一根纤细的柱子承托着雨篷,轻盈而又舒展。这座建筑虽然规模不大,却照样很好地体现了阿尔托简洁雅致的艺术特色。

图 34-2 外观之二

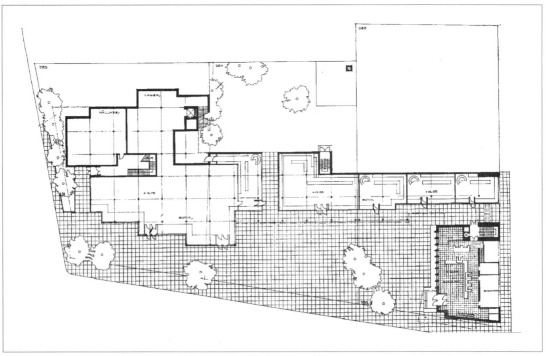

图 34-3 底层平面

图 35-1　斯堪的纳维亚厅东北面外观

　　斯堪的纳维亚厅位于冰岛首都雷克雅未克，是座小型的会堂，1962 – 1963 年设计，1965 – 1968 年建造。它包括一个报告厅，一个陈列厅，和一个放置斯堪的纳维亚书刊的图书馆。此外还有各类俱乐部、会议室和一间自助餐厅。整个建筑下半部分为白色，报告厅和图书馆的高起部分为蓝色，显得格调清新，再加上水中的倒影更是生动别致。这座建筑与大致同时建造的阿拉耶尔维市政厅(1966 – 1969)以及埃克奈斯储蓄银行(1964 – 1967)都是阿尔托在60年代中没有运用曲线的作品，但也都取得了感人的效果。

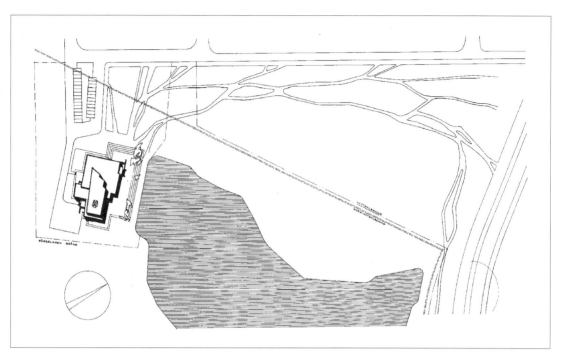

图 35-2 总平面

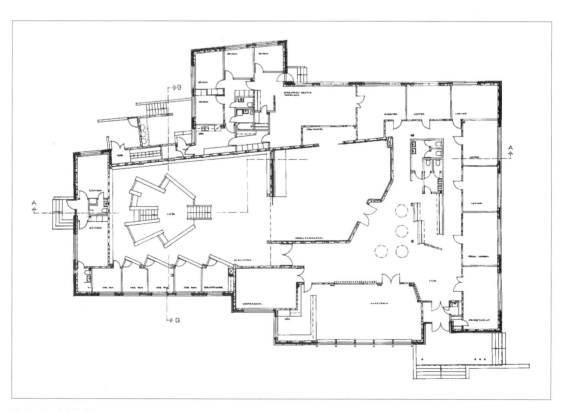

图 35-3 底层平面

图 35-4　室内

　　罗瓦涅米市位于芬兰拉皮省，1963年规划的新市政文化中心里的第一座建筑物就是罗瓦涅米图书馆，该馆还兼作拉皮省的中心图书馆，建于1965 — 1968年。

　　馆内空间丰富，功能多样。底层平面里包括下列用房：工作室、研究室、会议室、小型阅览室、带自助餐厅的办公区、旅游图书室、小幼儿园、报告厅、陈列室，一套公寓以及北冰洋鸟类标本收藏室(它在芬兰同类收藏中最为齐全)。地下室里包括音乐图书室和地质博物馆，其博物馆部分随时可以改用为图书室。建筑主体部分朝向安静的中央广场，并通过造型独特的天窗从北向采光。整个平面上扇形和矩形两块有机地结合在一起，这在阿尔托的构思草图上看得尤为清楚。以后在它的一旁建起了罗瓦涅米剧院。

图 36-1　罗瓦涅米图书馆北向外观

图 36-2　东北向外观

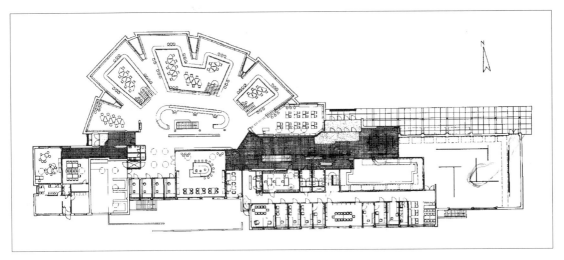

图 36-3　底层平面

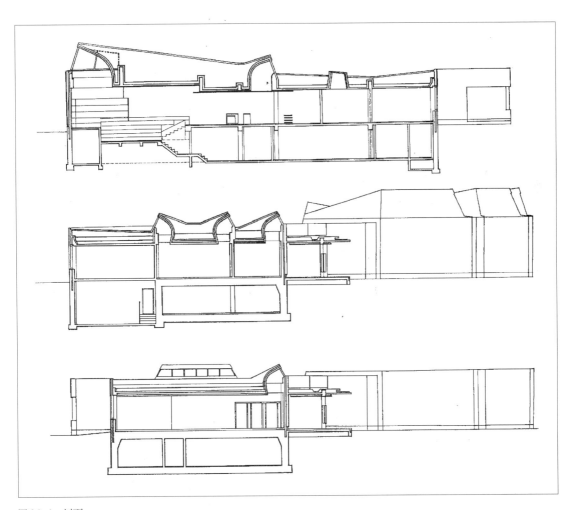

图 36-4　剖面

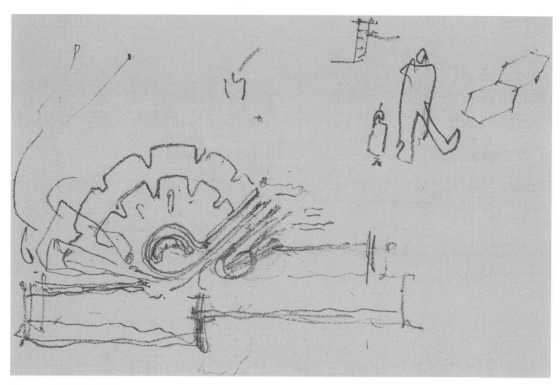

图 36-5　阿尔托设计草图之一

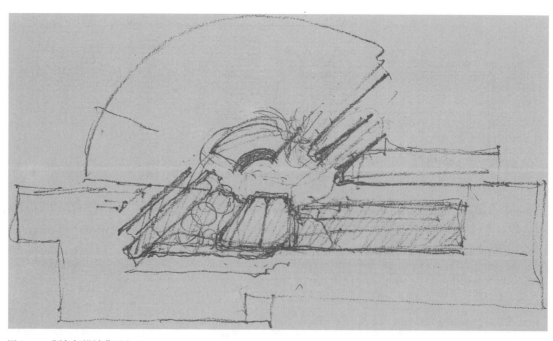

图 36-6　阿尔托设计草图之二

图 36-7　室内

图 36-9　入口门廊

图 36-8　室内细部

　　卢塞恩的"舒标"高层公寓是德国不来梅市"诺瓦尔"高层公寓的进一步发展。两者的主要不同在于前者每层平面上的房间数比后者为多，这样就显得更加经济。阿尔托在卢塞恩公寓的平面里尽可能缩小服务性面积，把楼梯、电梯、供热通道、消防出口等等集中在一起。公寓的各个房间从交通廊起向外呈放射状布置，在外墙面上组成了扇形，既与环境产生了最大可能的界面，又使各房之间的相互干扰最小，再加上各套公寓的面积指标各不一样，导致平面上产生了不均匀的折线，因此立面上就显得曲折多姿。在卢塞恩公寓的底层平面上功能复杂，设有餐厅、酒吧、厨房、花园大厅、值班室、洗衣房等，为住户提供了便利。

　　整座公寓除了楼板所有承重构件都运用大型预制板，外墙采用了轻质混凝土材料。

图37-1　"舒标"高层公寓正面外观

图 37-2　背面外观

图 37-3　底层平面

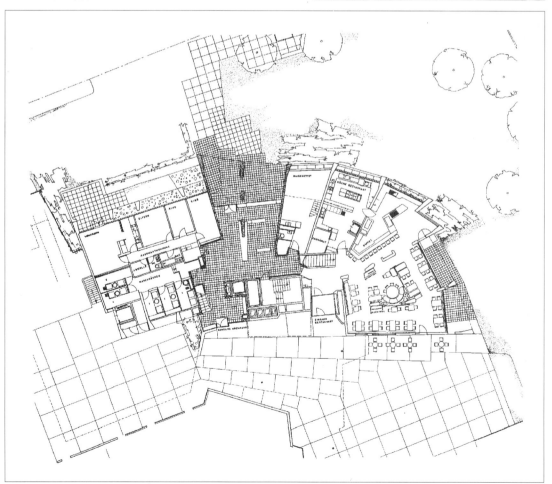

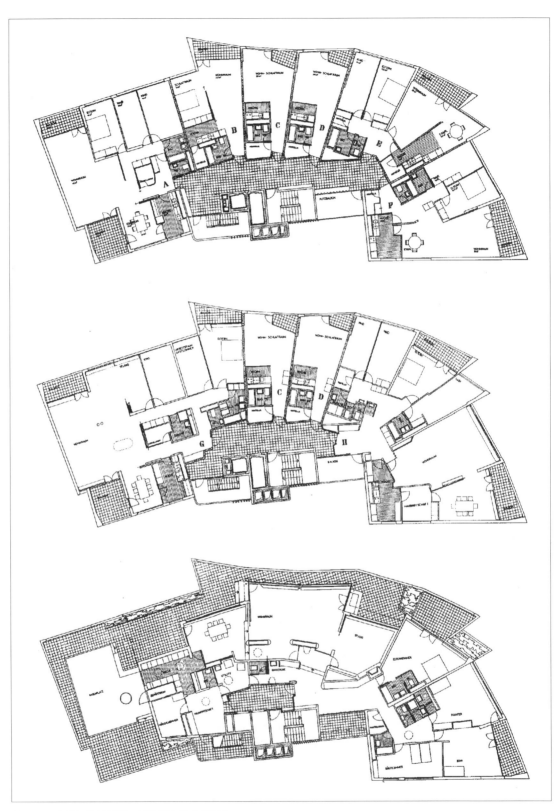

图 37-4 各种标准层平面，展示了各种户型组合

图 37-5　餐厅内部

图 37-6　单元室内

图38-1 本尼迪克廷大学图书馆侧面外观

　　美国本尼迪克廷大学图书馆位于校园中央，1965－1966年设计，1967－1970年建造。阿尔托设计的主要特点是把建筑有机地嵌在陡坡上，从入口处看只有一层，从而保留了原有的环境特色。在平面布置上入口部分做成规则体块，安放了各类用房如行政办公室，报告厅等等。而主要部分则采用扇形体块，共分成三层，并通过圆心处的水平廊道和开敞楼梯流畅地连接起来。由于这个图书馆属于阅览式图书馆，因此所有的书架都开放，沿地下一层的扇形外墙一圈还布置了研究室。

　　图书馆的地下室部分材料为深色混凝土，而一层外墙则用黄色面砖，窗框等构件都用了天然木材，色彩凝重。整个建筑在斜坡上展开，林木的映衬使它更富有生气。

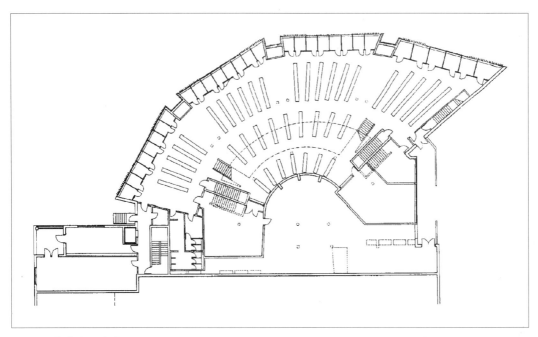

图 38-2　阅览室层平面

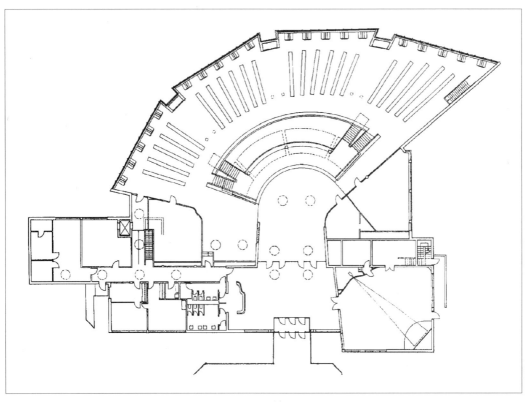

图 38-3　入口层平面

图 38-4　背面外观

图 38-5　室内之一

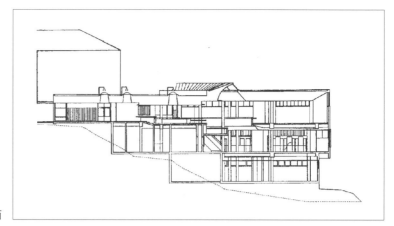

图 38-6　剖面

图 38-7　室内之二

　　学术书店位于赫尔辛基的中央大街与另一条街相交的转角处，在1962年阿尔托设计竞赛获奖后，1966 – 1969年建造。建筑物宽的一面是书店入口，位于侧街，窄的一面是办公入口。楼内在两处设有电动扶梯可供上下，另外所有办公部门都设在5层以上。 在书店大厅顶部安装了三个巨大的采光天窗，造型精美，使整个大厅都亮堂起来。为了与四周的历史环境相协调，阿尔托又一次用大理石板和钢板编织成一层方格网，贴在立面上，取得了新旧建筑之间的友好对话。

图 39-1　学术书店外观

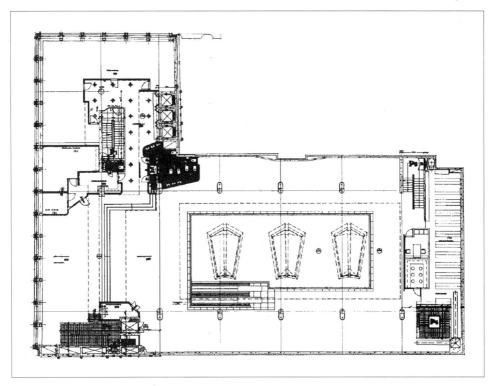

图 39-2　大厅层平面

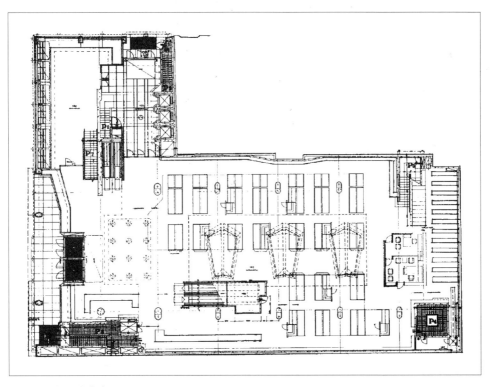

图 39-3　入口层平面

图 39-4　大厅天花

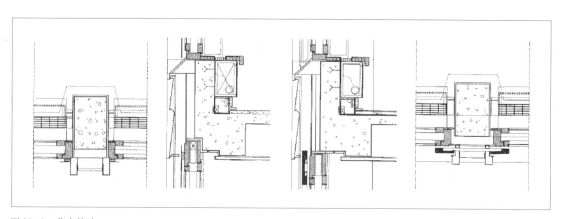

图 39-5　节点构造

芬兰　阿拉耶尔维市政厅·1966－1969
Alajärvi Town Hall, Finland

图 40-1　阿拉耶尔维市政厅外观

　　阿拉耶尔维是芬兰中西部一个当时大约只有5000居民的小镇，围绕当地一座著名的新古典式教堂建造社区中心。第一期项目兴建市政厅和公共康复中心。阿尔托在这一规模较小的市政厅设计中，出色地使它适应了环境，保留了当地的风土特色。整个建筑平面简单，但在端部的会议室仍然处理得十分别致。外墙面大部分采用白色，只在入口处局部和会议室外部为构图需要贴了大理石板。入口边的旗杆轻盈高挺，使建筑增添一道亮色。

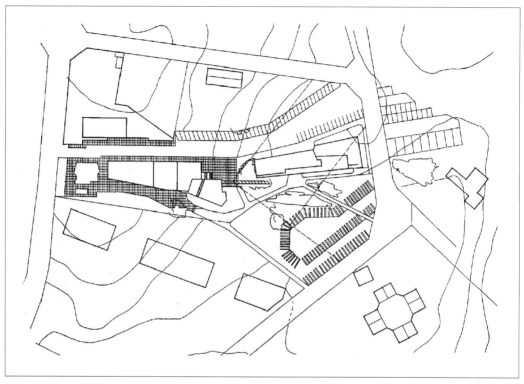

图40-2 总平面

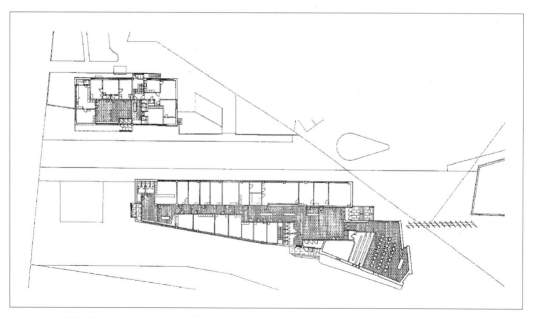

图40-3 底层平面

图40-4　入口

图40-5　会议室内部

41 意大利　博洛尼亚　里奥拉教区中心·1966 － 1976
Riola Parish Centre, Bologna, Italy

图 41-1　里奥拉教区中心外观

　　里奥拉教区中心位于通往博洛尼亚的古道上，它的一边是里诺河，另一边是古罗马桥。它从 1966 － 1968 年进行设计，直到 1976 年才建成，兴建中得到了梵蒂冈的资助。设计上的一个主要想法是尽量加强圣坛、歌坛、管风琴和洗礼池之间的联系。平面采用不对称的巴西利卡式，拱顶也不对称，向圣坛倾斜，造型独特。光线穿过拱顶侧窗洒入室内，巧妙的光线组织把室内外融在一起。教堂内建有楼座，以供备用，此外专设了一片台阶，用作歌坛。洗礼池面向圣坛设置。

　　该建筑以河为界，并位于防洪堤上。它的前墙可以打开，使前院成为教堂的扩展部分。教堂和教区会堂在第一期建成，接着扩建了钟塔、广场和沿河的围墙。

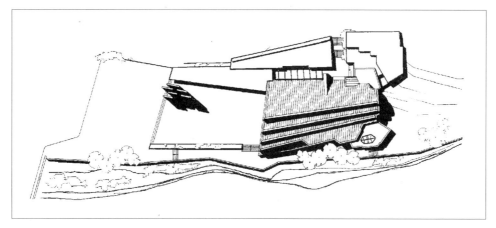

图 41-2 总平面

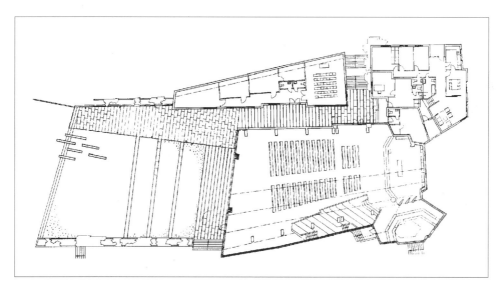

图 41-3 平面

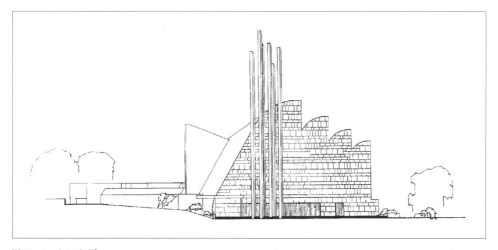

图 41-4 入口立面

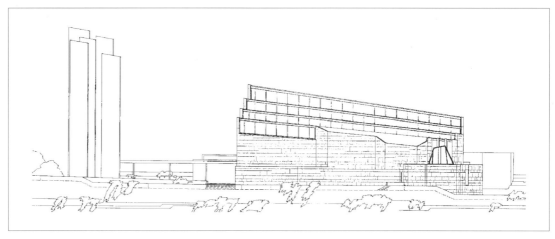

图 41-5　沿河立面

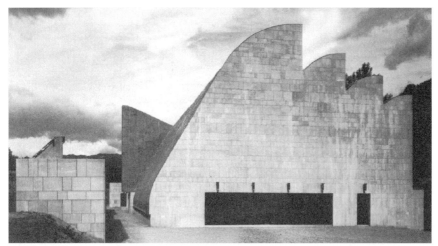

图 41-6　入口外观

图 41-7　室内

42 芬兰 赫尔辛基 耶尔文派 柯孔能别墅·1966 — 1969

Kokkonen Villa in Järvenpää, Helsinki, Finland

图 42-1 柯孔能别墅外观

　　柯孔能别墅位于赫尔辛基以北的林区，其主人是个音乐家和作曲家。它四周树木苍翠，阿尔托尽量尊重自然环境，为了取得协调，住房和芬兰蒸汽浴室都用了木结构。木结构有利于提高音乐室里的音响效果，但不利于隔声，阿尔托对这些问题都作了考虑。

　　别墅分为三部分，其中起居部分与音乐室相连，而工作室为了安静起见与两者分开。阿尔托在音乐室与起居室之间的连接上下了功夫，使两者既能在空间上统一，又能良好地隔声，其主要方法是在两者之间开个大门洞并装上折叠式门，从而可以分合自如。阿尔托还在音乐室的天花上别出心裁地挂了帆布，除了起空间限定作用之外还可以加强音响效果。

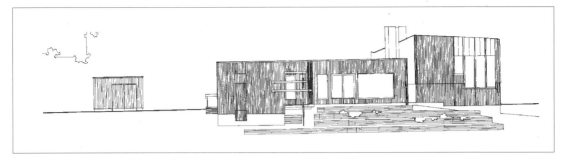

图 42-2　各向立面 A

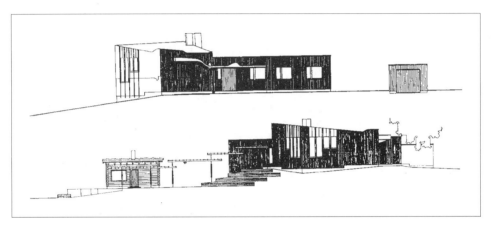

图 42-2　各向立面 B、C

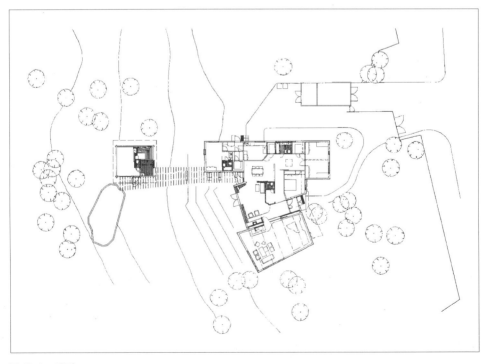

图 42-3　平面

图 42-4 音乐室内景之一

图 42-5 音乐室内景之二, 门洞对面为起居室

图 43-1　芬兰音乐厅沿湖外观

　　芬兰音乐厅是阿尔托规划的赫尔辛基新市中心的第一座公共建筑，也是斯堪的纳维亚半岛上最大的音乐与会议中心，1962 年设计，1967 — 1971 年建造。它的主立面朝向美丽的特勒湖，其背后是海斯培利亚公园和国会。在设计中阿尔托尽量保留了基地上的树木，并设法结合原有的台地。他把停车场放在正前方，与音乐厅地下室的汽车入口相通。

　　整个建筑的主要功能设施大致包括：1750 座的交响乐厅，350 座的室内乐厅，会议楼及餐厅等等。各层的布置从下往上分别为：地下层供汽车驶入；入口层与建筑西侧的公园同一标高，包括各个部分的门厅、衣帽间、盥洗室、供乐队人员使用的化妆室、更衣室等；观众厅层是建筑物的主要层，包括交响乐厅、小乐厅以及各自的休息厅，餐厅及厨房，会议楼的会议厅休息室等；楼座层设观众厅的楼座及其休息厅，行政管理用房，会议厅等。特别值得一提的是交响乐厅与其余部分的混凝土结构从基础起就互相脱离，再加上特殊的音响节点装饰，可以排除厅外的所有噪声干扰。另外芬兰音乐厅内还配备了一些特别装置和同声传译等等。

　　建筑物在外立面上采用了白色大理石，并以黑色花岗石为基座进行衬托，显得既轻盈又稳重。临湖外墙上还用竖向线条来分隔墙面，形成片断组合的效果，很近似于风格派的手法。竖向线条的水平展开寓意着北方密密的松树林和水中的波纹，而它更多地使人想起了琴键，体现出建筑物的性格。同时，在恰当的位置，阿尔托还让悬挑楼梯轻轻地跃起，使整个立面顿时生动起来。它像一只灵巧的手，奏响了音乐厅这一支凝固的音乐。

图 43-2　正面全景

图 43-3　正面外观局部

图 43-4 背面外观

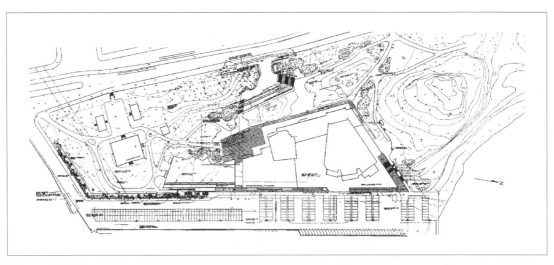

图 43-5 总平面

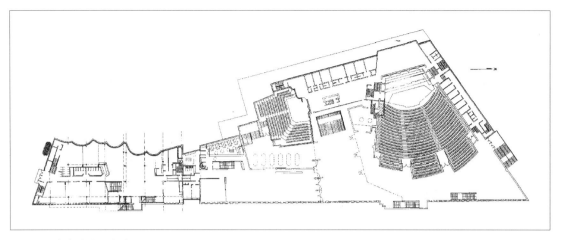

图 43-6　交响乐厅层平面

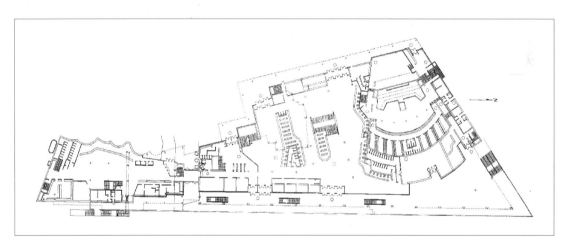

图 43-7　入口层平面

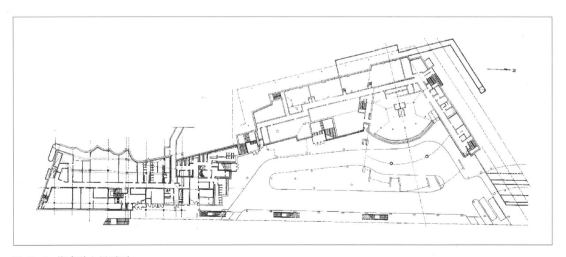

图 43-8　汽车驶入层平面

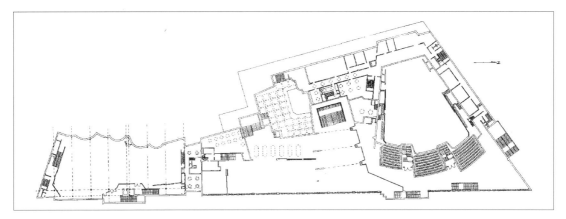

图 43-9　楼座层

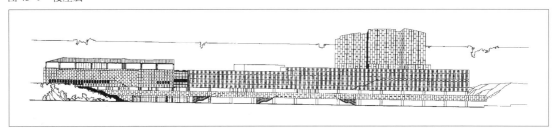

图 43-10　东侧立面

图 43-11　西侧立面

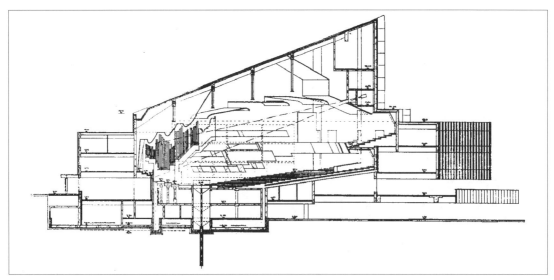

图 43-12　剖面

图 43-13　入口大厅

图 43-14　入口层到大厅层楼梯间

图 43-15　小乐厅室内

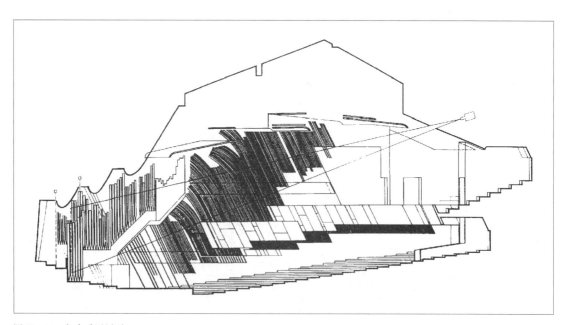

图 43-16　交响乐厅剖面

图 43-17　交响乐厅室内之一

图 43-18　交响乐厅室内之二

图 43-19 会议楼西侧外观

图 43-20 会议厅室内

44 芬兰 赫尔辛基市电力公司办公楼·1967 — 1973

Administration Building for the Sähkotälo Municipal Electricity
Works in Helsinki, Finland

图 44-1　赫尔辛基市电力公司西北侧外观

　　该楼是一项扩建工程，位于赫尔辛基的新市中心区，1967 - 1970 年设计，1970 - 1973 年建造。设计中为了取得对比，阿尔托在女儿墙和墙面上都装饰了钢板以反衬老房子的砖墙；为了取得统一，阿尔托在屋顶上设计了一系列水平构件，这些构件层层叠叠，蔚为壮观，成了市电力公司办公大楼的一个显著标志。

　　办公楼的地面层设有巨大的门厅和公共商业设施。内院里的大厅用阿尔托擅长设计的天窗采光。在房子顶层有一些为职员服务的公共设施，它们与巨大的屋顶花园相连。

图 44-2 立面局部

图 44-3 东侧外观

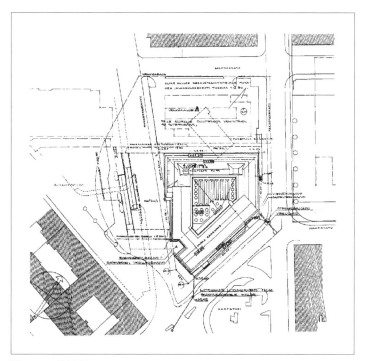

图 44-4　总平面

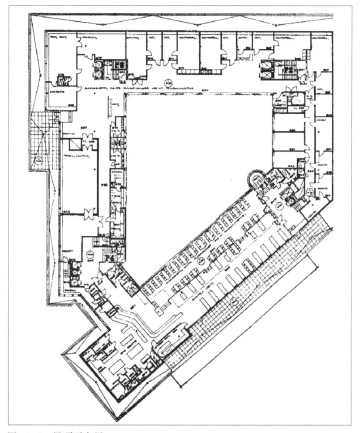

图 44-5　屋顶平台层

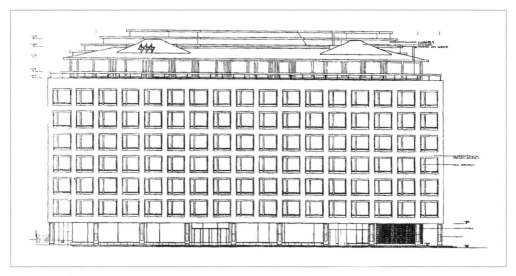

图44-6 西北立面(新建部分)

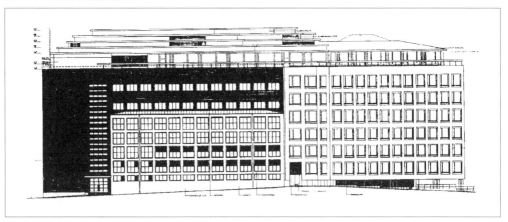

图44-7 东立面(左侧为老房子)

图44-8 屋顶花园

芬兰　塔米萨里　施德特别墅·1969 − 1970

Schildt Villa in Tammisaari, Finland

图 45-1　施德特别墅西侧外观

　　施德特别墅不是按照一般的想法来设计的，而是根据阿尔托对小家庭特殊要求的敏感理解和重视建设场地潜力的创作。它一切从"实践"派生而来形成了一个理想的家，既可使业主舒适私密地居住，又可与外部世界的物质环境相协调，使工作和生活区理想地结合起来。

　　别墅位于塔米萨里市中心的绿色公园中，起居部分朝向公园道路，其余大都面向安静的内院，院里有草坪、古树，还有曲线形的睡莲池。阿尔托在构思中为了使起居室既有私密性，又能欣赏到公园中带有船坞的池岸和小镇上18世纪木屋的风光，就把起居室抬高放在车库上，这样使整个别墅在体块上也有了起伏。起居室另外还挑出了一个大阳台以扩大生活区。

　　阿尔托一向擅于控制建筑紧凑与舒缓的分寸，他细细组织了从门厅到起居室的流线和空间，使之富于戏剧性；而在其它部分则处理得平缓亲切，如同散文。为了避免户主两人住在一座大别墅里有孤独之感，他把客人用房和带设备间的桑拿室放在一个与整体脱开的木屋里，用二米宽的通廊衔接。由于分开的距离很小，给人以似断非断的感觉。阿尔托出色的设计使这座住宅能很好地适应小规模的聚会和娱乐，但最妙的还是体现在它能适应家庭日常生活的安排。

图 45-2 东侧外观

图 45-3 起居室

图 45-4　从起居室看楼梯间

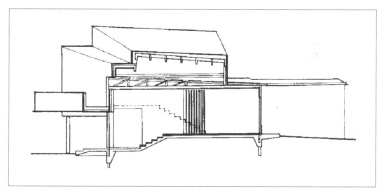

图 45-5　剖面

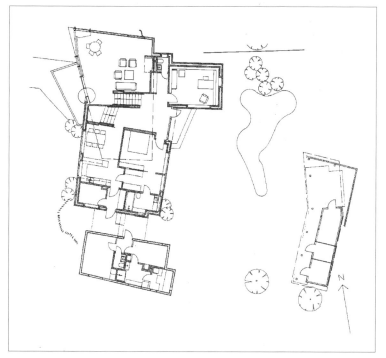

图 45-6　平面

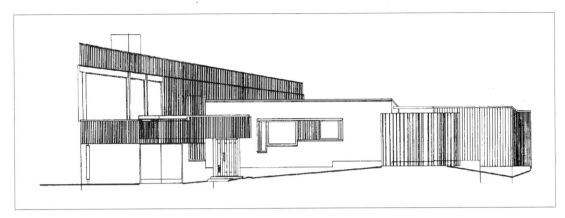

图 45-7　西立面

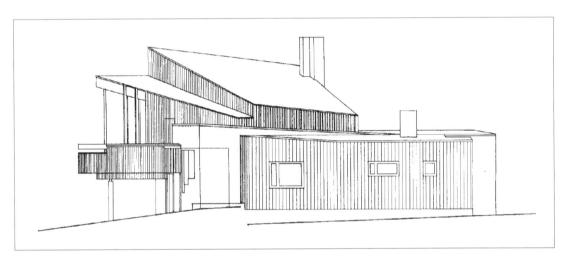

图 45-8　南立面

图 45-9　东立面

46 芬兰 拉赫蒂教堂·1970

Church in Lahti, Finland

　　拉赫蒂教堂是拉赫蒂的中心教堂，座落在市中心两条干道所夹的三角形山丘上，是城市的视觉标志。在教堂南边的山谷里有个集市广场，集市广场再往南，又是座山丘，山丘上屹立着由伊利尔·沙里宁在本世纪初建的市政厅。这样两个著名建筑师的杰出作品之间的对话，一起回荡在市中心区，并一起界定了市中心区。

　　为了在各个方向上都能看得见教堂，阿尔托特地加大了它的体量，并直接把钟塔放在教堂之上，让它高高耸起，而没有像以往一样与主体脱离。钟塔用混凝土筑成，在顶部放置了一个十字架。

　　教堂主入口设在南边，它要人们迈过层层台阶才能到达。阿尔托出人意料地没把入口放在轴线上而使它偏在一边。正对轴线的是红色清水砖墙面上开启的彩色玻璃小方窗，这些小窗组成了一个十字架。整个屋顶从南向北倾斜，用薄薄的铜板覆盖。教堂的地下室里是宗教法庭会堂、自助餐厅和多功能厅，地面层是有楼座的本堂和歌坛，总计能容纳1100人。教堂中的管风琴计有52组音管，为了便于举行礼拜仪式而设在圣坛附近。

图46-1 拉赫蒂教堂模型

图 46-2 总平面

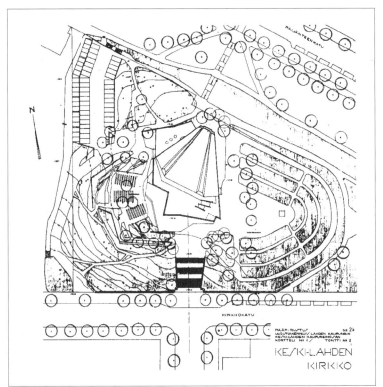

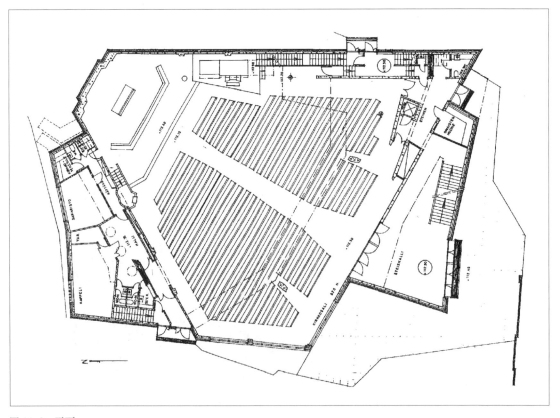

图 46-3 平面

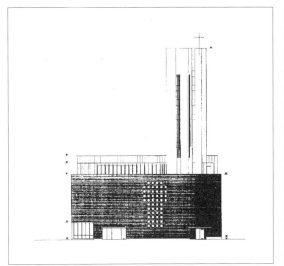

图 46-4 南立面

图 46-5 西立面

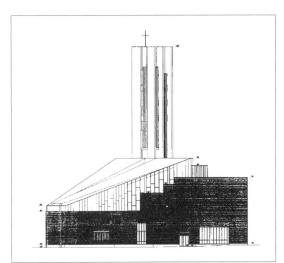

图 46-6 北立面

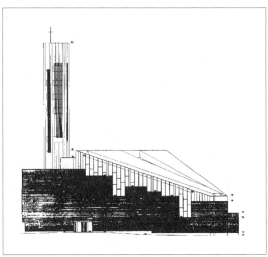

图 46-7 东立面

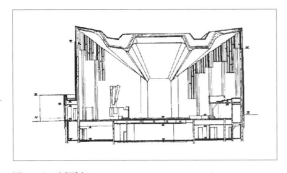

图 46-8　剖面之一

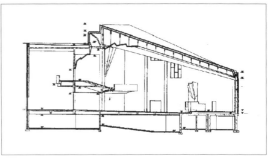

图 46-9　剖面之二

图 46-10　南面外观

47 芬兰 于韦斯屈莱市警察局·1970

Police Headquarter in Jyväskylä, Finland

　　该警察局是中芬兰省于韦斯屈莱市行政文化中心的一个组成部分，1967－1968年设计，1970年建造。建筑平面呈曲尺形，用一道曲线墙围出了一个内院，院子里专辟了停车场。沿路立面是方盒子外观，底层为一排柱廊，上部用面砖贴面，整洁的造型酷似正统现代派手法。而这个建筑中引人注目的是面向公园的围墙，墙头处理得富于雕塑味。

图47-1　于韦斯屈莱市警察局东北面沿街外观

图47-2　南向外观(左侧为公园)

图47-3　室内

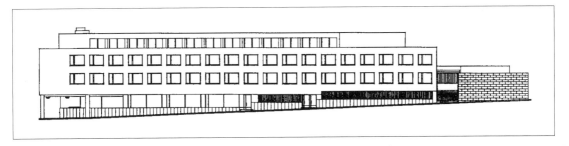

图 47-4　沿街立面

图 47-5　沿公园立面

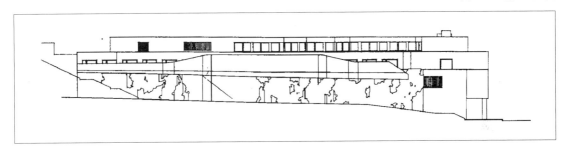

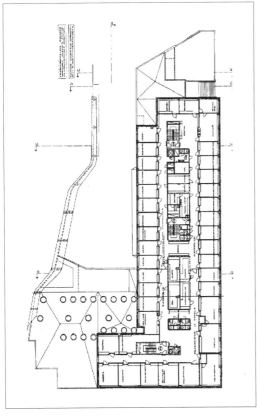

图 47-6　标准层

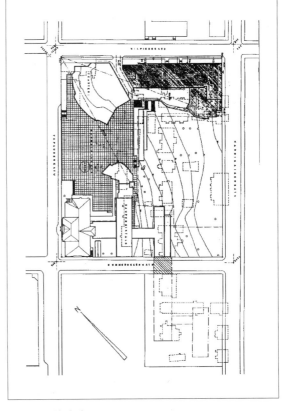

图 47-7　总平面

48

芬兰 罗瓦涅米 拉皮剧院和广播电台·1970 — 1975
Lappia Theatre and Radio Building in Rovaniemi, Finland

　　罗瓦涅米剧院是新市中心的一个组成部分，1969 – 1970年进行设计，具体建设共分两期完工。第一阶段为1970 – 1972年，建造广播电台和音乐学校；第二阶段为1972 – 1975年，建造多功能剧场，它同时还可以用来举行会议。

　　该建筑特别令人注目的是重重叠叠的波形屋顶，富于动态感。外墙面上贴着特制的竖向半圆形面砖，局部还用了石灰石贴面。平面布局中最突出的是可容600人的剧场， 它能灵活划分，后面的座位还可以移动，来适应不同的要求。在入口层衣帽间下面的地下大空间则用作展览。音乐学校和广播电台都靠在剧场一侧。

图48-1　拉皮剧院东面外观

图 48-2　近景

图 48-3　室内

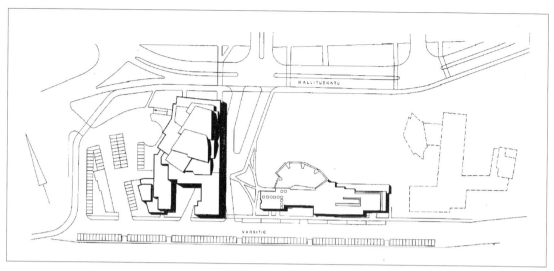

图 48-4 总平面

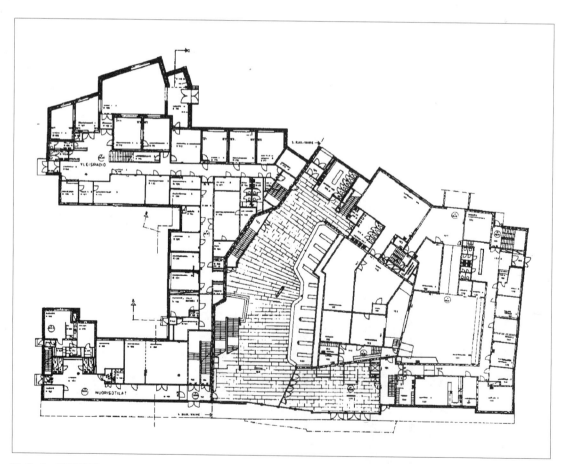

图 48-5 底层平面

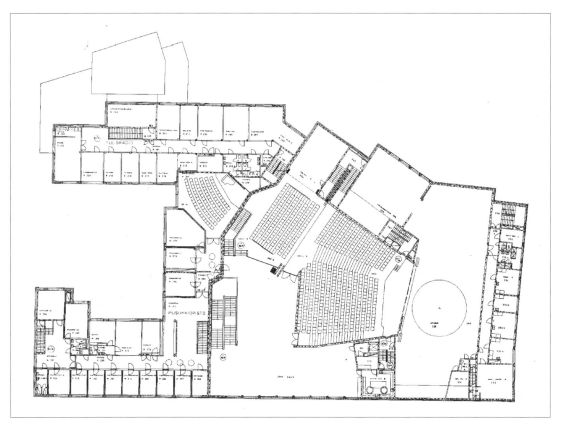

图 48-6　大厅层平面

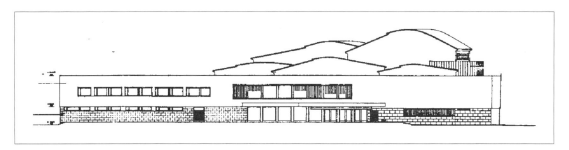

图 48-7　东立面

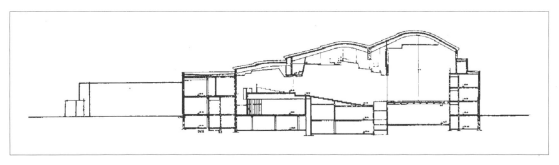

图 48-8　剖面

49 芬兰 于韦斯屈莱 阿尔瓦·阿尔托博物馆·1971－1973

Alvar Aalto Museum in Jyväskylä, Finland

图 49-1　阿尔托博物馆外观

　　阿尔托博物馆位于于韦斯屈莱大学附近，与阿尔托设计的中芬兰博物馆毗邻。这两个博物馆一起形成了一个文化中心，发挥着社会教育功能。阿尔托博物馆由各种社团和市政当局共同资助，于1971年设计，到1973年建成。它无论何时都可以举办阿尔托作品展，并在一年一度的于韦斯屈莱艺术节上，为各种展览提供场址。

　　该馆建在林木蓊郁的山坡上，旁边有一条小溪穿过山坡向于韦斯屈莱湖流去，远看形成了一道视觉走廊。博物馆共分两层。一层包括门厅、小型报告厅、行政办公用房、自助餐厅及其直接对外的出口，另外在贮藏部分还有修复间和摄影暗室各一间，与上层的联系除了普通楼梯之外还有一条室内大斜坡，斜坡直通服务出口。二层是展览的主要场所，用天窗采光。不规则平面中斜向布置的柱网使得展区能够灵活安排，同时举办不同的展览而互相不受干扰。整个大厅里只有两片墙是固定的，其余都可以灵活移动。在展厅端部，又重现了似曾相识的波形内墙，只是曲线不如在纽约博览会芬兰馆中体现得那么强烈。墙面上拼贴着细部精美的木板及构件。

　　整个建筑外观上的竖向线条水平铺开，使房子像一丛树木伏在山凹，贴着白色面砖的立面在万绿丛中显得分外秀美。

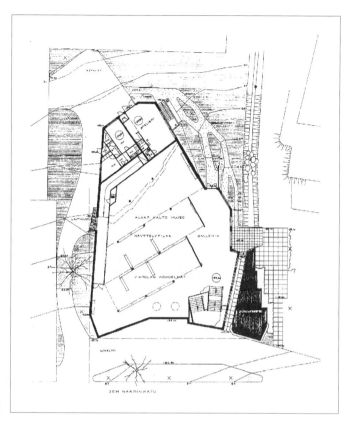

图 49-2　二层平面

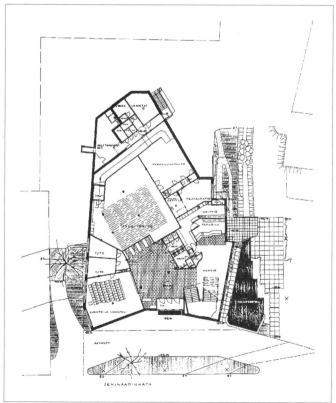

图 49-3　底层平面

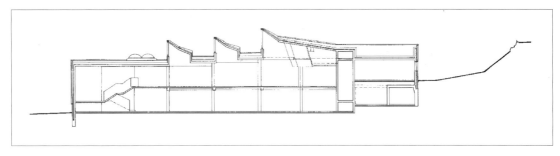

图 49-4　剖面

图 49-5　室内

　　阿尔托在家具、灯具和细部处理方面也有过许多创新的成就。1930年他在赫尔辛基举办的最小居住单元展览会上曾展示了他最早创作的现代派家具，其中比较引人注意的是用钢管弯曲制成的长条沙发，并可拉开作为床用。这一设计显然是受到包豪斯派布劳耶尔构思的启示。从1932年开始，他已创造了有自己特色的曲木家具系列，这是用白桦木胶合板经过试验
后制成的，其中包括曲木扶手沙发椅、曲木扶手躺椅、曲木支撑的茶几、方桌、方椅、方凳、三角圆凳等等。从1935年开始古利申·玛利亚夫人与阿尔托合作开设了一家阿尔台克公司，1936年正式开业，主要生产与销售阿尔托的家具与玻璃制品，在欧美具有广泛影响。此外，阿尔托从30到50年代设计的许多灯具，不仅在造型上具有新颖的形象，而且也符合工
业化生产的时代特点，它对室内设计也曾起到画龙点睛的作用。在建筑细部装饰方面，阿尔托也很注意，包括门把手的形状、装饰的线脚都曾进行过专门的设计，这无疑可以给室内环境增添细致精美的效果。

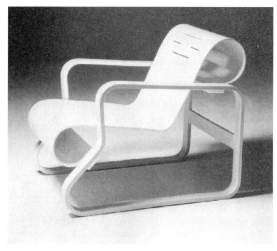

图 50-1　椅子之一

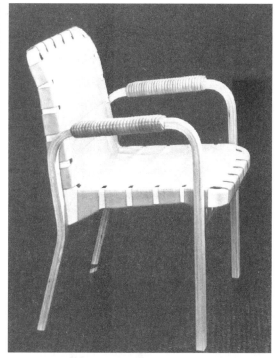

图 50-2　椅子之二

图 50-3　活动茶几

图 50-4　椅子之三

图 50-6　凳与椅 A

图 50-6　凳与椅 B

图 50-5　凳子

A   B

C   D

E   F

图 50-7　灯具 A、B、C、D、E、F

G

I

H

J

图 50-7　灯具 G、H、I、J

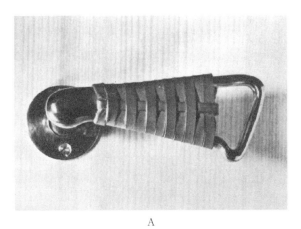

A

C

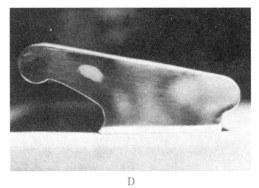

B

D

图 50-8 门把手 A、B、C、D

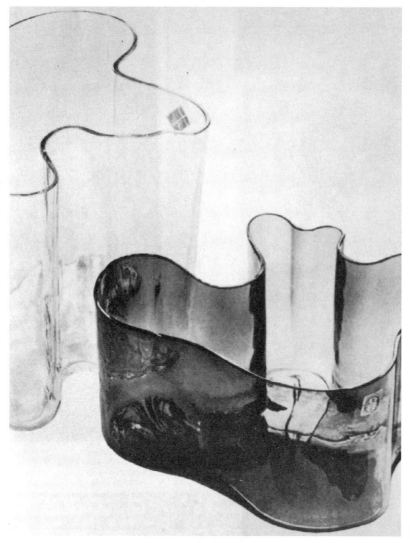

图 50-9　萨伏伊玻璃器皿

图 50-10　壁灯

3

论文

阿尔瓦·阿尔托的主要论著摘录

1. 鳟鱼和溪流

作为一个搞创作的艺术家,我难以用局外评论家或理论家的那种角度来谈论艺术。同样,专业人员也不可能像历史学家那样公平地评论今日的作品和同行。因此以下谈论仅仅是我自己在工作中的一点体会。

关于建筑和自由艺术之间的关系问题一直是一个前沿问题。它常常使建筑追求更多的雕塑或绘画特征。就这"三种艺术"成分之间的合作曾有过许多不同设想。

经常有人要求"在公共建筑中多一些纪念性绘画",奇怪的是,这种要求很少是由著名艺术家提出的—— 一般都是由群众提出,或最多不过是艺术组织和类似团体对艺术方针所提的建议。

我不反对这种需要—— 但远非如此。我喜欢意大利胜过许多其他国家—— 这是三种艺术融合的故乡。听到在曼太格纳的小教堂(Mantegna's Chapel in the Chiesa degli Eremitan)受到破坏,我很难过。尽管如此,我认为整个问题和答案都在更深的地方,它的核心问题是三种艺术要建立协调的关系。现在我正面对着建筑与抽象艺术的关系问题,我认为这也许就是达到这种协调关系核心的方法。

首先,抽象艺术曾大大刺激了现代建筑,不是直接地接受,但实际效果是不可否认的。另一方面,建筑也为抽象艺术提供了素材。这两种艺术形式互相影响。那么,即使是在我们这个时代,两种艺术也还是有着共同的来源,这一点已被广泛接受。

当我自己要解决建筑问题时,我常常—— 事实上几乎毫不例外地—— 面对一个难以克服的障碍,似乎理由很复杂,沉重的负担来自建筑设计包含无数常常相互矛盾的因素。社会的、人文的、经济的,以及技术上的要求同影响个人和群体的心理学问题联系在一起,还有人群和个人的活动,以及内部磨擦—— 所有这些构成了一个复杂的问题,不可能以一种合理的或机械化的方式加以解决,那许多不同的要求和问题组成了一道障碍。在它后面的建筑设想很难实现。我于是这样做—— 虽然不是故意地。我先忘掉整个的困难,直到任务和无数不同要求已经进入我的潜在意识。然后我转到一种非常类似于抽象艺术的工作方法中。我只是凭本能去画,不是建筑综合,是类似孩子气的构图,用这种方法在抽象的基础上,主要的构思逐渐成形,并变为一种要领,它可以帮助我使无数相反的问题协调起来。

当我设计维普里市立图书馆时(我有足够的时间—— 长达五年),我花了很长时间获取思路范围,就像是孩子在作画那样。我画了许多种想象的山形地貌,在不同的位置有许多太阳照着山坡,逐渐形成了建筑的主要设想。该图书馆的建筑框架包括许多不同标高上的阅览室和借书空间,而管理和监督区域则位于顶部,我那类似儿童绘画的草图同建筑设想虽然并非有直接地联系,但无论如何,它们都导向了平面形状和剖面波浪形的产生,以及导致一种水平和竖向结构的统一。

我提到这些个人经验,并不是想使它们成为一种设计方法,无论如何,我认为我的同事们在他们解决问题时都会得到一些相似的经验。我举的例子当然不是同最后建筑的优点或缺点有什么联系,我只是借此说明我自己本能的信仰,即建筑和自由艺术有相同的根源,这种根源在某种程度上是抽象的,但都是基于我们潜意识之中的知识和分析的基础上。

在1933年的伦敦博览会上(爱诺·阿尔托和我的作品展览，由《建筑评论》杂志主办)，我们展出了一些木制结构，其中有些用于我们的家具，有些则是对木材的形式或制作的实验，不具有使用价值，甚至同实际没有合理的联系。《时代》杂志艺术评论员说这是抽象艺术作品。他说它们是"非实用性的艺术"，而是一种正好同概念化相反过程的产物。他的意思是说它们来自一种基于实践的本源，但最终却是非实用的艺术。另一方面，有一些人认为纯抽象艺术，总体上不像非物质性艺术，按照他的观点，将来或者可以派上实际用途。也许他是对的；我那时和现在都不想反对。但从我个人感情上的观点是：建筑和它的细节在某种程度上都与生物学有联系。也许它们都像大鲑鱼或鳟鱼，它们生下来还不够大；甚至不在它们一般生长的海里或水里出生，它们出生在几百英里外的家乡，那里的河流还是小溪，是荒野中间清澈的小溪，是最初融化的冰水，同它们日后的生活如此遥远，就像人类的感情和直觉远离日常的生活一样。

正像一粒鱼卵长成一条成年的鱼需要时间一样，我们也需要时间使思想发展和定型。建筑比其他创造性的工作更需要时间。我从自己的经验中可以举一个小例子，就是纯形式的探讨，也许很长时间以后，会出人意料地导致一种实实在在的建筑形式。

爱奥尼柱头是怎样出现的呢？它来自木材的弯曲和重压下的纤维。但最后的大理石产品并非这一过程的自然再现。它那光滑的、稳定的形式体现了人类的品质，而不存在于原先的结构形式中。

"照我的看法，抽象艺术的主要性质在于其纯人文属性"，一位来访的捷克画家在我的办公室里对我这样说："我无法解释，但我的感觉和经验这样告诉我。"

一位上过严格的人类学课程的瑞士医生曾对我表达他自己对艺术的看法："我要么感觉到它，要么没有。"

最好的抽象艺术是形象化过程的结果。也许这就是为什么只有完全通过感觉来感知，虽然在它的背后和内部有许多建设性的思想以及人类悲剧的完整构架。在某种程度上这是一种武器，可以在我们内心激起完全的人情感受，这种感受有时是难以形容的。

当然，以上都不适用于粗糙或商业形式的自由艺术，它们在今天也仍然像野草一样茂盛。

我觉得似乎我们已经找到了联系各种艺术的道路，而且这种联系可以看成将"三种艺术形式"从根本上构成一个联系的框架，而非表面的联系。当然，我们在这一结合过程中仍然处于初步阶段——但却无损于其价值。因为不同成长时期的文化都具同样的艺术价值。用人文的观点来看，我们不能把上古艺术看成低于雅典卫城，把意大利画家乔托(Giotto,13－14世纪)看成比他后来的画家和建筑师差。

——原文载于DOMUS,1947年

2. 自然和建筑

同自然和自然的多样性相联系的总是一种不自然的生活方式和过于形式主义的思想。
　　　　　——摘自"**理性主义和人**"
　　　　　在瑞典工艺协会年会上的发言，1935年

我们一直都知道多样化的重要。自然、生物学提供了丰富、多姿的形式；用同样的构造，同样的材料，同样的基本结构可以创造出千百万的合成品。每一种都能是一种高水平的形式。人的生活也来自同一根源。围绕着人们的物质绝不仅仅是靠神秘的物神所赐。而它们更像细胞和组织那样有其生命力，这就构成了人类生活的建筑成分。它们如同生物不能适应其他物种的生存方式那样，否则社会产生不适合原系统的危险，就不具有人情味。

  ——"理性主义和人"
    在瑞典工艺协会年会上的发言，1935 年

  如果我们从这个角度来考察建筑，也就是，把它作为人同自然之间斗争的一部分，我们发现它最明显的内在特点，即系统性和不断变化性。在建筑发展过程中，一些基本建筑要素及各种问题越来越多，而过去曾经是重要的问题，其现在的意义却降低了。"自然差异性的主题"因此是最深层的基本建筑特点，而我们在日常生活中所需要的空间也是很重要的。

  ——"材料和结构对现代建筑的影响"
    在奥斯陆的北欧建筑会议上的发言，1938 年

  建筑造型不论是植根于传统风格，或是标准化的要求，都是对新建筑的误解，它会阻碍建筑在生活斗争中取得完善，因此也就降低了它的意义和效果。

  ——"构造和材料对现代建筑的影响"
    在奥斯陆的北欧建筑会议上的发言，1938 年

  我曾说过世界上标准化水平最高的组织就是自然界本身，但自然界的标准化主要是——事实上几乎完全是同最小单位，细胞相联系的。结果是产生了千万种不同的组合，在其中，我们永远找不到原型。另一种结果是有机生长的形式有巨大的丰富性和无穷的多样性。建筑标准化必须走同样的道路。

  有人认为确定的形式和标准化的新形式是通向建筑协调性的唯一道路，我的看法正好相反。一种可以成功控制的建筑技术，应该强调建筑最深层的性质在其自然有机体的生长和多样化的反应。我认为这是建筑的唯一真正风格。如果阻止它的出现，那么建筑就会枯萎而死。

  ——"材料和结构对现代建筑的影响"
    在奥斯陆的北欧建筑会议上的发言，1938 年

  建筑永远应该提供一种方法，通过这种方法可以提供房屋同自然的有机联系(包括作为比其他因素更重要的人和人类生活因素)，这也是建筑标准化中最重要的问题。但它预言了不仅包括建筑各组成部分，而且包括一整套建筑系统都要以此为目的而发展。

  ——"欧洲重建提出了今日建筑的中心问题"
    Arkkitehti，1941 年

  总而言之，自然是自由的象征。有时自然会赋予和保持自由的含义。如果我们的技术规划主要是基于自然的基础上，我们就有可能确信：发展过程又一次上了轨道。这条道路会使我们每天的工作和它所有的形式都将增加自由，而不是减少了它。

  ——"国家计划和文化的目标"
    Suomalainen Suomi,1949 年

3. 创作

伟大的思想是来自生活中的小事，是从土地上生长起来的。我们的感觉会告诉我们那些原始材料就是我们思想的基础。另一方面，我们必须看到感觉的世界是为我们服务的，而不是我们为它服务。

—— "文化和技术"

Suomi-Finland-USA，1947 年

没有艺术，生活就是机械化的，就等于"死亡"。

—— "文化和技术"

Suomi-Finland-USA，1947 年

在有限的时间内，精神应该证明比物质更有力量。

—— "技术和文化"

Suomi-Finland-USA，1947 年

如果我们仔细地研究这一对矛盾，我们就会碰到一个基本的问题，即人们在创造的同时，总是伴随着毁坏。

—— "在人文主义和唯物主义之间"

维也纳建筑师协会上的发言，1955 年

不论我们的任务是什么，是大还是小，是从日复一日的丑恶还是最富情感的因素开始，一座城镇或它的一部分，一座建筑，一个交通网，或者是一幅画，一座雕塑或日常物品，其设计过程中必然有一个至关重要的条件，那就是必须具有创造性的意义，否则就不可能成为文化。当然还有其他的条件，但我们要从这里开始。

不论何种情况，都必须同时考虑到相反的理解。

—— "艺术和技术"

在芬兰科学院就职会上的发言，1955 年

不论是否受Yrjo Hirn的影响，但我的直觉和思想告诉我已经是受他的个性影响了，虽然我们处于一个实验、计算和利用的时代的中期，却仍然必须坚信"玩耍"在为人类建造社会的过程中担当着重要的角色，就像对儿童的重要性一样。每一个负责的建筑师肯定也有同感，不论以何种方式。

但是，只知道"玩耍"和独自"玩耍"将导致玩弄形式、结构，并最终将会玩弄其他人的物质和精神生活：这意味着纯粹的玩弄。但Yrjo Hirn是严肃的，他是很严肃的对待他的"玩耍"理论的。

因此我们必须将实验性的工作同玩的智慧相结合，反之也成立。

只有当建筑的结构部分和形式部分得到合乎逻辑的区分时，经验的知识才会告诉我们什么是叫做玩耍的艺术，这才是正确的道路。技术和经济必须永远同丰富多彩的生活相结合。

—— "实验性住宅，Muuratsalo"，Arkkitehti,1953 年

每个任务都不同，所以对于问题的解决不可能有固定的模式，我举的是个别例子，并不适用于其他例子。虽然在建筑中综合是实际的需要，而大量的事实说明从不排斥分析的过程。没有比把分析和合成分割开更危险的事了，它们应该是永远联系在一起的。

　　——"**讨论**"，为 Leonardo Mosso 的书所写的序，1967 年

　　绘画和雕塑是我的工作方法的一部分，所以我不想把它们同我的建筑分开，它们似乎可以在其上面和背后表达什么。许多建筑师都将绘画作为他们工作的一个分支。对我来说情况不一样。我们可以说我不把绘画和雕刻看成不同的职业范围。这里很难一件件地证明。对我来说，这些作品都是同一棵树上的不同枝干，而主干就是建筑。

　　——"**讨论**"，为 Leonardo Mosso 的书所写的序，1967 年

4. 以人为起点

　　我讲的多样性就是一种人们将环境及其中的物体联系起来的各种方法，即周围环境可以满足不断更新和生长的心理需要。一种缓和现代人压力的通常方法就是变换环境——最终，很清楚，人们所处的环境必须能够自动满足不断变化的可能。

　　——"**理性主义和人**"，在瑞典工艺协会年会上的发言，1935 年

　　每一个问题的解决在某种程度上就是一个妥协，我们在观察一个人的弱点时最容易办到。

　　——"**理性主义和人**"，在瑞典工艺协会年会上的发言，1935 年

　　即使是现在，许多日常的建筑，其造型的动机有时都是从局部出发的，有过去的，也有建筑本身的。但现在另有一种方法，是为人而建的，把人作为一个社会团体来考虑，并且把科学和研究作为起点。为了对这种方法进行补充，又出现了一种新的形式，以社会——艺术的方法来建造，并把它们扩大到能包括心理学的各种问题，以此来探讨人的全部需要。这最后显示出的建筑仍然存在着未开发的因素，这些因素能表达出利用自然和人类心理反映无法说明的效果。

　　——"**纪念** L.G.Asplund"，Arkkitehti,1940 年

　　技术的功能主义只有同时扩展到心理学领域才是正确的。这是通往人情化建筑的唯一道路。

　　——"**建筑的人情化**"，技术评论，1940 年 11 月刊

　　虽然人们获得了技术上比较好的一些房屋和舒适的生活——即使是以一种有限的形式——但用这种方式则使某些规律被打断了，而舒适却是以一定程度的不协调换来的。

　　很显然这种发展过程中的间断是和个人的心理、心理概念以及技术力量有关的——也许只有部分起作用，不敢肯定——但在社会和人类组织中，这些方面的力量都应反映我们努力使各种生活方式和建筑作品之间取得协调。

　　——"**欧洲重建提出了今日建筑的中心问题**"，Arkkitehti,1941 年

人们和各种家庭都采用千百万类同的标准化建筑和固定的社区单元，当然可以解决一些社会问题，但是同时要付出代价。其代价就是代替物质贫民区的我们将产生心理上的贫民社区和无产化的过程，这些都是和我们最重要的生活条件密切相关的。

    ——"欧洲重建提出了今日建筑的中心问题"，Arkkitehti,1941 年

这是我第一次接触到人情化过程的工作。我指的是帕米欧结核病疗养院。当我设计的时候，自己正病着。所以我有机会体验病人的滋味。整天躺着让我心烦。我发现的第一点是：病房是为站着的人们设计的，而不是为那些一天到晚躺在床上的人设计的。像飞蛾围绕蜡烛一样，我们目光总是落到电灯上。一个不专门为躺着的人设计的房间没有内部的均衡和真正的平静。所以我试图为不活动的病人设计，给予躺在床上的人一种平和的气氛。例如，我不使用人工通风，以免它使得人头的周围有一股讨厌的气流，而是设计了一个系统，使得柔和的自然风从窗格中吹进来。

    ——"在人文主义和唯物主义之间"

        在维也纳建筑师协会上的发言，1955 年

对我来说，在生活中有许多情况是太令人难受的，因此，要给予人们的生活以一种温纯的建筑，这就是建筑师的任务。

    ——"在人文主义和唯物主义之间"

        在维也纳建筑师协会上的发言，1955 年

5. 传统

老的东西不会再生，但也不会完全消失。曾经有过的东西总是以新的形式再次出现。对我来说，目前我们正在为统一而奋斗。

    ——"画家和泥水匠"，Jousimies,1921 年

当我们看到过去的年代是多么国际化和思想开放，而又不欺骗自己时，我们可以用开放的眼光接受古意大利、西班牙和新大陆的影响。我们的先人永远是我们的导师。

    ——"以往年代的主题"，Arkkitehti,1922 年

经常提到的"解释现有的建筑，并非一个风格问题，而是风格的意识问题"，提得仍然不够多。任何人不使用"风格"这个词作为标签、作为建造"理想建筑"的工具，而是把建筑生产看成是一种高度责任性的社会工作，他们才会找到将城市看成生长的有机性的真实正确的方法。

    ——"在一座老城规划中建设住宅区"，Byggmästaren,1930 年

相反，我们应该扩展理性化的工作，以证明对于这些问题有更多的要求。我们应该不仅仅理性地研究技术和卫生方面，而且应尽量深入地考察个人对于健康的需要，直到心理学甚至更深层的方面。不言而喻，实用艺术悠久丰富的传统经验无疑为我们提供了宝贵的研究素材。我指的传

统是真正的传统及其历史发展，而不是无机的因循形式的传统主义。我倾向于这种观点，即认为历史向我们提供了前人怎样对环境作出反应的统计资料。如我以前指出过的，即使是一支蜡烛，也可以作为技术与人类学实验室的一个课题，以确定出哪一种人工光源对人类最合适。

——"理性主义和人"，在瑞典工艺协会年会上的发言，1935 年

每一种外部形式的限制因素——不论是根深蒂固的风格传统，还是对新建筑的误解所要求的表面统——都阻碍了建筑在生活中充分发挥作用，因此也减少了它的重要性和实际效果。

——"构造和材料对现代建筑的影响"
在奥斯陆的北欧建筑大会上的发言，1938 年

遗憾的是：世纪之交的文化时期，有机结合传统的法则和从过去到现在的创作动力都不成熟。很显然，当前对这个问题不仅存在着许多误解，而且一般有关材料创新的建筑问题更是有很深的误会。要根除它们绝不是容易的事。

——"卡累利阿的建筑"，Uusi Suomi,1941 年

6. 文化

再谈几句关于我所说的"文化"、"情感"、"美学"、"经济"和"社会"等词的含义。我曾长期同人讨论文化和文明，我听到这两个词在各种场合下被相提并论。也许文化的含义一般不能以简单的一句话说明。因此我举个例子。一只航海的轮船，在主工程师，即主管船的汽轮机的工程师房间中，他坐在桌子旁。墙上的自动装置在描绘汽油消耗、气压、转速和各种热量。背景及其中的人物构成了一个典型的有机整体。很可能这个工程师并不关心他的睡铺是这种风格还是那种风格，或者所有的墙面是否时髦。另一方面，他却注重绝对的舒适和他的睡眠位置，如果可能的话有一本好书，也许会对整个环境有一定程度的温暖作用。在这个环境中，他必须记录，他要休息，而且驱动汽轮机的自动系统也是其中的一部分。我说的"文化"不是一种机器象征主义，而是出现在作品、作品的组织以及日常生活中均衡的理性。这种思考方法就是我所说的文化。

在同一艘船的上层甲板上，玛丽·阿斯特和她的女仆以及随行人员正从巴黎回家。她在那儿知道了十种新鸡尾酒的名称，知道今年时髦的金银手饰和各种各样的狐皮。她听过关于巴斯卡尔、雨果、孟特斯班的学术报告，同密苏扬诺夫王子打过网球，并第一次参观了 Faubourg Saint Germain。我不认为打网球显得缺少文化，但阿斯特的船舱，帝王式的床，时髦的墙纸和鸡尾酒，以及雨果、孟特斯班的文化所构成的整体，我认为是无文化的。另一方面，我要指出，为了同前面所说的船舱相对比，一个受过现代职业训练的女性的环境和潜力也可称之为有"文化"，她的文学感受不仅仅是在感觉上的一种涉猎，而所有相关的因素都有机地同她的工作和她的责任心联系在一起。在这个环境中我们也可以喝酒、打网球。这也是我说的"文化"的一种表现。

关于提到"美学的"和"情感的"两个词，我并不是指缺少对美的欣赏，而是指一种活动和工作，在这种活动和工作中，美的含义和情感的表达，是从过去的时代中学来的方法，它们是我们手头工作的起点，而不是把它们放在历史上看，因此也就成了有机活动的产物。

对"经济学"这个词，我指的不是统治美国普尔曼公司火车的经济，这些称为"实际的"和"经济的"概念，一般聪明的过路人仅仅认为是对普尔曼公司的利益重要，而不是对行人重要。

——"我们住宅建设中的问题"，DOMUS，1930 年

要使围绕我们的整体环境取得平衡——城镇、村庄、公路和铁路、自然和其他构成我们生活框架的因素——这些环境都是文化的真实标志，只有这样，才能产生真正的艺术和精炼的技术形式，并以正确的方式为人们服务。

——"艺术和技术"，在芬兰科学院就职会上的发言，1955 年

7. 民主、设计和责任

我们找到了完全从社会角度出发的展览方式，目的是要表达我们的艺术思想。汽艇、火车、冰箱和留声机取代了那些我们过去认为是高水平的精美的室内设计。所有这些新的对象都同样要求作为文化价值考虑。这就是说一个工业艺术设计者必须放弃老观念，从可能的高度深入至各个领域，去设计属于生活中的所有对象。我认为这非常鼓舞人心：一个艺术家现在反省自己，从传统的工作范围走出去，事实上，他的作品民主化了，从狭窄的王国走出来，而放到了大众的手中。因此，直观思考的艺术家走到公众活动的场所中，帮助公众创造了一种和谐的生活，而不是顽固地在艺术和非艺术之间保持一种差距，那只能导致持久的悲剧和毫无希望的生活。

——"斯德哥尔摩展览会 I"，Abo Underrattelser,1930 年

如果想要为更持久的建筑建立基础，为人们每天的愉快创造真正可行的价值，如果想避免纯粹表面的吸引力，而找出我们必须解决的问题，激进主义还是需要的。

——"斯德哥尔摩展览会 II"，Arkkitehti，1930 年

"与众不同"——个体自由——同上述并不矛盾。相反，只有在那种非有机的、过时的因素已从固定的环境中舍去时，我们才谈得上个性。

已成形的生产方法——复制的工业——只有在相似中才能存在，只有以正确的方式为基础才能存在。当它受有社会责任感的创作支配时，产生的不是僵死的机械产品，而是真正人类有机发展的价值。

——"我们的展览"，关于最小合理居住单元的文章，1930 年

每一个人都强调个人能力，而从社会角度考虑，没有处理好这种能力就非常不经济。研究人们怎样在差的条件下仍然能够生活是毫无意义的。不管怎样，有许多这种最低水平的例子。我们今天研究的是：当要满足所有的社会实际(最低收入水平)时，对住房以及它的生产和消费应有怎

样的要求。

——"我们的居住问题"，DOMUS，1930 年

按怀疑论者的观点来看，自然会产生一个问题。那就是最近以来趋向更高标准的设计是否必要？我们必须记住，在某种程度上，所有的设计都是有限制的产品，产生于一定的压力之下。在某种程度上，今天受到欢迎的高标准设计是快速工业化发展的一个孪生姐妹。它本身并不是解放的工具，而现在的工业化高水准的起点也没有什么不好。一个设计很可能无关紧要，而所有的设计都走向极端那就会破坏、毁灭生活的自发动力。我们所有的人都知道喀雷尔(1873－1944，法国外科医生及生物学家——译者注)对过分医疗的态度，他认为这会破坏保持人类肌体内部平衡的自动系统。当我们谈到现在生活的每样东西都趋向高水准设计时也会存在同样的疑虑。

早先，技术世界是人类自由的物质保障。第一座建筑使人们消除了各种因素的疑虑，这就是充分自由的一个清楚例子。伴随着物质自由，产生了智力自由。从那个时候起技术不断发展，自由度一步步地提高。但当技术发展到曲线上的一定位置，得到的就不再是人类的自由而开始伴随其他因素，并且原先给人类自由的因素有可能逐渐成为最束缚人的因素。

——"国家计划和文化的目标"，Suomalainen Suomi,1949 年

设计也可以以另一种方式表达。它们可以看成是防止过分集中的思想发展的手段，把我们导向非盲目发展方向的地方，因此才确实是人们道德和自由的保证。

——"国家计划和文化的目标"，Suomalainen Suomi,1949 年

8. 作为象征的市政建筑

过去，一个国家需要大型的、特别是美丽的建筑以满足它们对美的向往，并作为精神希望的象征。神庙、教堂、广场、剧院和宫殿要比老的羊皮纸书写的文献记载得更加清楚生动地描述了历史。

——"画家和泥水匠"，Jousimies,1921 年

一个小型住户可以把它的部分活动移到户外的场所中去——诸如学校、运动场、图书馆、电影院、音乐厅和报告厅等公共场所。这些公共场所的作用改变了，并且增加了，它们反映了最小居住空间的危机。这其中也有许多没有解决的问题等着建筑师们去解决。老的帝国主义者要求市政建筑首先应满足"标志"性需要。以前，Abbot Coignaro 庄严地坐在塞兹主教图书馆的装饰繁琐的椅子上；现在，它成为一个公共图书馆，给那些家里没有图书馆，甚至没有空间的人使用。

——"最小的住宅"，关于最小合理居住单元的文章，1930 年

但是，如果我们不希望我们的社会交通混乱，并且使人心理上不愉快、生理上精疲力竭的话，那么，市政建筑在社会中的地位必须同人们身体的主要器官一样同等重要。我们必须保证我们目前进行的、将来要结束的城市建筑阶段，只是一个过渡时期，因为将来几代人的评论也许不会是

很赞同的。

社会必须回到一种恰当的秩序中去。

单说"回来"是不对的；一个更好的词语是"再创造"某种秩序，以适应有机社区的需要。

目前，我也许可以称之为无阶级的社会正在形成，比法国革命建立的社会还要敏感，因为它由许多群众组成。它们良好的物质条件、市民的教育以及不断增长的文化力量都紧紧地依赖于并然有序的机构和地点以供大众使用。

——"市政建筑的衰退"，Arkkitehti，1953 年

在某种程度上我们现在面对一种危机，因为我们必须改变对市政建筑的看法。市政建筑最重要的任务之一是起着"临时"建筑的作用，也就是要为住宅和居住区服务。用这样的观点，人们可以发现芬兰人不习惯于我们以独创为目标的市政建筑。这本身不是坏事，相反是好事。但它意味着市政建筑不是作为榜样，而是同社会隔离开来了。它缺少榜样的力量，缺少对于每天的全部事物的影响。我当然不是说，榜样就应该形成相同的形式。它应该处于深层，并且它产生的影响并不是直接的。

——"城市规划和市政建筑"

在芬兰建筑师协会大赫尔辛基规划会议上的发言，1966 年

9. 科学、建筑、技术

由于建筑覆盖了人类生活的所有领域，因此，功能主义建筑认为从人类的观点来看，建筑必须主要是符合功能的。如果我们更深入地观察人类生活的进程，我们就会发现技术本身只是一种辅助手段，而不是最终的独立现象。技术功能主义不能获得最终的建筑。

——"建筑的人情化"，技术评论，1940 年 11 月刊

最近几十年里建筑经常同科学相比较，并且作了一些努力，使它更科学化，甚至想把它变成一种纯科学。但建筑不是一种科学。它仍然是一个伟大的合成过程，一个将几千种人类重要的功能结合起来的工作，这就构成了建筑学。

它的任务仍然是将物质的世界变成人类生活和谐的世界。

使建筑更具人情味意味着要求更好的建筑，这又意味着一种更广泛的功能主义而不仅仅是一个技术性的。只有通过应用各种建筑方法才能达到这种目的——创造并结合不同的技术因素使它们构成人类可能的最协调的生活。

建筑的方法有时候是科学的反映。自然科学的那种研究也可以应用于建筑。建筑研究很可能比从前更加有条理，但它的本质不可能是纯分析的。建筑研究应该更具艺术性和直觉性。

——"建筑的人情化"，技术评论，1940 年 11 月刊

自然的生物系统似乎保持着一个清晰的范例，那就是建筑应该按照什么样的真实性格进行标准化。建筑中从前的系统和秩序方面的东西都是比较复杂的，而不像最近把纯技术领域中的标准

化引入建筑之中那样。最近的这种标准化的引进是建立在建筑是一种技术这致命的误会上的。但建筑不只是技术。事实上，建筑难题常常不能用技术方法解决。当然，建筑确实利用了技术，但它在使用的同时运用了所有技术领域，并且要以取得和谐为目的。因此建筑是一种高于技术的创作形式，其中各种形式的协调起着重要的作用。在本世纪和上一世纪的大部分时间中，都有许多这种试图将建筑作为技术专门领域的例子。结果不仅仅是所有的例子都失败了，而且产生了对大规模人类组织及人类个人和群众的生活进程都有破坏性影响，并使社会和其他方面产生了混乱。即使像爱迪生这样重要的人物都曾花了许多年试图解决建筑难题——用一种技术手段建立一个标准化住宅。他花了好些年研究这个方案。结果是遭到他一生唯——次真正的失败。

一个建筑根本就不是一个技术问题——这是一个建筑与技术协调的问题。因此单一技术方法不适宜应用于其中。运用的任何标准化都必须具有建筑与技术协调的性质。

——**"欧洲重建提出了今日建筑的中心问题"**，Arkkitehti，1941 年

他们说建筑最近找到了自己的路和它自己的古老任务，虽然是以新的形式出现，作为一种协调技术性的因素。我们的梦想是人成为机器的主人，而不是它的奴隶。这不能以一种死板的方式做到：它需要一种基于物质的艺术，并正确理解建筑的作用。如果我们没有在艺术和技术的工作中考虑人的因素，我们怎么能够保护现代机械化世界中的"小人物"呢？最终，甚至仅仅理想地保护也是不够的。技术，即使是一般性技术，必须在细节上同样全面考虑，即首先考虑人。

永远保护"小人物"的利益并不是那么容易。举个例子。我们都知道标准化，这是用技术完成一种现代化民主形式的最有效方法之一——比以前任何时候都更广泛地流通着相似的商品。虽然标准化在某种程度上给群众带来好处，但如果错误地使用就埋下了毁灭的种子。

——**"艺术和技术"**，在芬兰科学院就职会上的发言，1955 年

10. 理性主义的概念

我们已经承认，也许已经同意。那种有理由称之为"理性的"东西常常太缺少人情味。

——**"理性主义和人"**，在瑞典工艺协会年会上的发言，1955 年

即使是最伟大的现代建筑成就，在我刚刚提到的那些要求方面仍然显得不够。这一点很重要。那些要求接近人类，并且是我们情感上的需要。

因此我们说，创造一种对人类更友好的环境的方法之一是扩大理性主义的含义。我们必须分析出我们现有对象的更多的特性。我们所能想象出来的一种对象性质要求在某种程度上构成一种尺度，也许是一个序列，就像是一个区域。红色区域代表社会方面、桔色代表生产条件等等，直到人眼看不到的紫外线区域，也许它掩盖了合理的要求。这些要求同所有个人的、人性的东西最为接近。不是我们喜欢不喜欢：在纯人类问题的范围，我们发现其中多数是新问题。不言而喻，这些问题将不仅仅局限于我在谈论钢管椅时所说的杂乱无章的片断。尽管更进一步的分析显示出有些情感含义是以由物质因素来衡量的，但我们会发现我们很快就偏离了物理现象。一大堆所有事

物中从来不曾考虑过的问题当然是另一领域——心理学。一旦我们考虑到心理要求——也许可以说我们能这么做——我们就已经将我们理性的工作方式扩展很广，现在防止人为后果就容易些了。

  ——"**理性主义和人**"，在瑞典工艺协会年会上的发言，1935 年

  如果有一种逐步发展建筑的方法，从经济和技术的前提开始，并发展到其他更复杂的人类努力的领域，再到纯技术的功能主义也许就可以接受了。但这不可能。建筑不仅覆盖了人类活动的各个领域，而且必须在所有这些区域同时得到发展。如果不是这样，我们只能得到单一的、表面的结果。

  "理性主义"这个词同现代建筑的联系就像"功能主义"一样频繁。现代建筑主要是从技术观点上看被理性化了，正像技术作用最受重视一样。虽然现代建筑的纯理性阶段是在过分强调理性主义技术和贬低人类功能的基础上建立起来的，我们仍然没有理由反对建筑中的理性。

  理性本身在现代建筑的初期并没有错，这一阶段已成过去。问题是理性化发展还不够深入。

  在最近的现代建筑阶段不是要反对理性主义倾向，而是要将理性的方法从技术领域转向人文和心理学领域。

  ——"**建筑的人情化**"，技术评论，1940 年 11 月刊

11. 灵活的标准化

  标准化意味着用工业化来剥夺个人的趣味。

  ——"**文化和技术**"，Suomi- Finland–USA,1947 年

  既然标准化是生产的一个原则，我们可以知道形式主义是非常不人道的。一个标准化的物体不应该是一个完成的产品，相反应该是用人们和个人法则作为标准化形式的补充。只有带几分中立性质的物体才能缓和标准化对于个人的限制，而标准化的积极方面也因此可以用来为优秀文化服务。

  ——"**理性主义和人**"，在瑞典工艺协会年会上的发言，1935 年

  从技术上借用近视的标准化方法制造出当前的新式贫民窟，这不是不可能的——这次贫民窟的贫穷在于心理上。

  ——"**欧洲重建提出了今日建筑的中心问题**"，Arkkitehti, 1941 年

  尽管同汽车的发展过程相联系看，要努力集中在少数型号上，而建筑生产过程的任务是恰恰相反的。从所有正确的感觉和一般感受看，它不应该是集中的标准化，而是可以称之为"分散"的标准化。在建筑上，标准化的作用因此不是以一种式样为目标，而是为了创造可行的多样性和丰富性，在理想情况下，可以同自然界一样有无穷的细微差别。

  ——"**欧洲重建提出了今日建筑的中心问题**"，Arkkitehti,1941 年

很清楚，在建筑的标准化当中，不应该造成相似的建筑或不能改变的实体，而应该深入到建筑的构件和元素的内在系统中去，以一种有机的方式，着重保留这些元素的性质，使它们能构成无穷的不同组合形式。这是一个由相同部分构成的体系，它能生产出各种功能和形式的变体。

——"欧洲重建提出了今日建筑的中心问题"，Arkkitehti，1941 年

我们谈到城市的灵活规划，实际上就是谈要超出规划这个概念，因为城市规划要成为永恒可变的工具，为此，我们就要有意识地为了人们活动的自由和其他形式的自由而奋斗。例如，在像标准化这样难以控制、这样对个人自由加以限制的严格领域，称为灵活的标准化已经出现，并且有意识地作为同集合、集中和过度人为控制的反面而奋斗着，因此成了创造自由的一种方法。

——"国家计划和文化的目标"，Suomalainen Suomi，1949 年

但是也可以运用标准化和理性化为人们服务。问题是我们该把什么东西标准化和理性化。我们可以创造那种提高水平的标准，不仅是生活水平，还包括精神水平。我们去创造灵活的标准化很重要，这种标准化不会控制我们，而是可以被我们所控制。渐渐地，我们的肩膀可以承担更重的支配机器的担子。在这种情况下，我们必须依靠哲学方法。如果我们掌握了这些物理方法，那么这种哲学其实就是建筑学，不是别的。我们可以创造一种人文的标准化。我们应该尝试给予人类更多的方法，这同电缆和车轮的标准化有何种程度的差别没有关系。

——"为建筑而奋斗"，在英国皇家建筑师学会上的发言，1957 年

12. 对国际现代主义的评论

现代主义一直在新材料、新产品、新社会条件的影响下忙于形式的创造，目前它已创造了一种镀铬钢管、玻璃幕墙、立方体形式和鲜艳颜色的迷人混合体。似乎一切可能都被用来使新建筑更加令人振奋，而我认为其外表的第一印象仍然是缺少人情味的。

——"理性主义和人"，在瑞典工艺协会年会上的发言，1935 年

尽管如此，我们仍然必须说，无根基的国际式当前是飘在空中的，其产品也许经过仔细研究。但是当人和保护人的艺术因素是决定性因素的时候，国际式可能就难以正确地决定这种似乎是技术产品的形式。

国际的统一式风格不可能很好地创造一种文化，虽然最初它看来是成功的。

——"艺术和技术"，在芬兰科学院就职会上的发言，1955 年

建筑革命正在进行，但它遭到了同其他革命相同的命运：它从热情开始，而以专制结束。它在某些地方出轨了。

——"为建筑而奋斗"，在英国皇家建筑师学会上的发言，1957 年

建筑的正确经济观是看我们怎样可以用较小的代价提供多少有益的东西。但是我们永远都不

该忘记我们是在为人类建造。所有的经济都有一个共同的问题——质量和价格之间的关系问题。如果我们不考虑质量，那么整个经济在任何领域都是无意义的，包括建筑在内。

我们描述的那一类对于宣传很理想，而错误地应用"经济"一词进行宣传是反人文的。有时，它太走极端，导向了反面。我知道想用这种宣传的那些学派，在数字上也许是经济的，但对每个孩子来说都知道实际上是非常贵。

——"为建筑而奋斗"，在英国皇家建筑师学会上的发言，1957 年

当今建筑的预测带有悲观主义的音调——这就不可能作出好的作品了。玻璃和人造金属构成的空间立方体——我们大城市中非人文装饰的纯净主义——已经形成了一种不可救药的建筑形式。因为退路已被封死。

——"无题"，Arkkitehti,1958 年

更糟的结果是寻找它的对立面——无鉴别力地、无能地寻求多样化的主题。居住区采用了不同设计的建筑群体——同人类自身伟大的、为造化美之精华的多样化毫无联系。它们往往像商业交易会一样，在市政建筑中，一种基于宣传的形式主义出现了——就像美国汽车的工业化设计及其极端不平衡的状态，就像大孩子在玩弄着他们控制不了的曲线和橡皮筋。好莱坞式的思考方法统治了每一件事情。

人类被遗忘了……

而建筑——这实实在在的东西——只有在"小人物"成为中心的时候才能建立，他的不幸和他的幸运——两者兼有。

——"无题"，Arkkitehti,1958 年

13. 形式和内容

一种在限制下对新形式的寻求，不能体现完整的作品。在电话的生产方法改变和自动化系统发展之前，不可能产生完全由黑色金属或电木制作的小巧轻便的电话设备。似乎，只有当形式同时作为内容或者忠于它时，我们才谈得上下一步。然而形式作为一个单独的元素不再让我们感兴趣。但是从它的有机内涵方面看，这又是很自然的。

——"最小住宅"，关于最小合理居住单元的文章，1930 年

如果我们深入一步看，建筑并不是一堆只有结构构件的组合，在更大程度上，它是一个复杂的发展过程，在这一过程中，内部的相互作用会不断产生出新的解决方法、新的形式、新的材料和结构意识的无穷变化。

——"构造与材料对现代建筑的影响"，在奥斯陆北欧建筑会议上的发言，1938 年

一种建筑的解决方案必须永远要有人文的动机，它应建立在分析的基础上，但这种目标必须在结构上是现实的，而且这种方案也可能是外部环境的产物。

——"建筑的人情化"，技术评论，1940 年 11 月刊

每一个历史转折关头，对建筑的本质都有深刻的影响，都赋予它一个新的方向或目标。当然基本的人文问题还是一样的，就像建筑的内在含义不变一样。但在不同的危机阶段中，建筑的人文目标和方法会放在新的共生秩序中。因此重点有时在某一种方法上，有时又在另一种方法上，于是它们内在的等级地位就改变了。

——"欧洲重建提出了今日建筑的中心问题"，Arkkitehti,1941 年

几乎所有同形式相关的因素往往都有几十种，几百种，有时甚至是几千种不同的矛盾因素。它们只有在人为意愿的驱使下才能协调地起作用。这种协调只能通过艺术取得，此外别无它法。单独的技术和机械元素只有用艺术的方式才能达到最终的价值。一个协调的结果是不可能通过计算、统计或预计所能得到的。

——"艺术和技术"，在芬兰科学院就职会上的发言，1955 年

虽然解决了包括建筑人情化艰难过程的问题，但建筑始终还是面临着一个老问题，即纪念性和形式的问题。所有解决的尝试，都毫无效果，就如同要将天堂的观念从宗教中消除一样困难。

虽然我们知道人类，这可怜的东西，不论我们作何努力都无法获救，但是建筑师的主要责任就是将机器时代人情化。然而，要做到这一点，就不应该轻视形式。

形式是一种神秘的东西，它没有明确的定论，但却可以使人在某种程度上感到愉快，这一点同单纯的社会帮助很不相同。

——"在人文主义和唯物主义之间"，在维也纳建筑师协会上的发言，1955 年

14. 室内设计与家具

激进主义应避免创造一种表面的舒适，而且应该去寻求解决一些问题，使得可以为比较好的建筑作品创造条件，并获得对人们日常生活用品有用的准则。

——"斯德哥尔摩展览会"，Arkkitehti,1930 年

现代人——包括现代家庭——比过去变化更快。这种情况在家具的工艺特点中有明显的反映。

60 平方米的面积——包括整个家庭早锻炼的需要：这就预示着家具可以被轻易移动和折叠。拥有 200 平方米的大公寓但仍不可能进行早锻炼，至少是因为里面放有笨重的碗橱，对称布置的桌子，不易移动的纪念物以及形形色色易碎的玻璃装饰品。

另一方面，可移动和可折叠的家具使小面积的公寓也宽敞起来。实际上，我所指的室内设计的方法其目的就在于通过发展其使用可能性将居室变得宽敞些……

人们喜欢在他们的周围有特殊的形式世界，也许比较粗糙，但这往往却与建立在批量生产上的房屋构造和室内设计相悖。问题是：这些公寓为利润而生产，用帝国式的仿制品或推广各式各样不便使用的家具，以及用工厂化的巴洛克式室内装饰业来迎合当前的口味——它们价格低廉——但它们为个人创造了完好的条件吗？

在现代社会中，至少在理论上完全可能有这样的家庭：父亲是泥瓦匠，母亲是大学教授，女

儿是电影明星，儿子也许有些糟糕。显然，每个人都需要互不干扰地进行思考和工作。现代公寓应当按照这种要求来建造。

同样，妇女的解放对工作条件提出全新的要求，例如要易于清扫及对不同器具的重量和机构设备的使用进行考虑。

有趣的是观察人们在一般的情况下是如何理解流行形式和美感形式。可以想象，例如，金属管家具实际上减轻了重量，并利于机械化生产，各种不同椅子的设计已很少使用毛织物等等，这在很多情况下都被认为是为了追求纯形式的新奇感。

——"住宅问题"，DOMUS，1930 年

最近对新式家具的批量生产引发了敌对的情绪。它让人对此抱怀疑态度，并使人准备去对此进行批评。当然，人们认识到，即使是过去十年中创造出的最纯粹的理性主义在许多方面也有欠缺，并且常常与人性的概念相悖，问题是：追求"自由式"的形式主义将如何能成为救星？现代化工业设计成了这一问题的相当好的答案。现代化，当然，基本上不是突破自身而是突破了理性主义的威信。现代主义，通过材料分析，新的制作方式，新的社会条件等等涌现出来，带着形式世界一起迅猛发展，使自己成为一个由镀铬的管子、玻璃顶、立体派形式和眩目的色彩组合而成的令人愉悦的大拼盘。

我们也必须承认这样一个事实，那些打着理性标签的东西常常明显地缺乏人性。如果我们在某一时候不管这样一种可能性，那么，只有通过增加"更多的形式"来补偿失去的东西，而不是通过对事物细致的研究，因此，我们可以很清楚地看到事物的理性大多只适用于其部分特点而非全部特点。本来理性主义意味着某些与生产方式相关的事物，生产技术不一定是导致理性主义建筑产生的第一动力，但它是第一动力之一。以钢管椅为例，例如在马歇·布劳耶尔(Marcel Breuer)的第一个样品中，我们可以清楚地看到：创作它的原动力是一些相互关联的需求，使这个椅子变得更轻，但又同样舒适，特别是在制作上，要符合当今的生产方式。成品使所有的一切都打上了生产方式的印记。只用了几个弯曲的管子和一些绷紧的皮革而获得的有弹性的座椅无疑是一种聪明的工艺技术的解决方式。从这方面来看，它可以适当地被认为是贴着理性主义的标签，它也可以从许多其它方面来考虑，主要从结构观点出发。但对椅子总有不断的需求，它必须在完工时，用合理的方式满足或在满足所有这些需求时，不使各种不同需要之间产生矛盾，这才可以被称作是彻底的理性的创作。每个人都可以用不同的方式来理解理性这个词，但最主要的标准就是满足所有确定的理性的需求，从而产生一种完全没有冲突的形式。如果我们想列举这些椅子所没有能满足的需求的话，我们将举出以下几点：一件成为人的日常生活的一部分的家具不应有过分强烈的反光；同时，也不应该不利于声音的吸收；像椅子这样与人的接触紧密的家具，不应该使用传热过快的材料。我只举这三种需求，或许其他人可以列出一长串其它有关这种特殊产品的需求。针对金属椅的最主要的批评是它们并不"舒适"。在绝大部分情况下这是对的，但当你用这种需求舒适的概念笼统地不明确地去表示只有传统形式才能创造的人性和要求时，你就错了。批评如果是这样：噪声过大，反光过强，传热过快，把这些"舒适"的概念放在一起说，那才是科学的评语。

很显然最好的理性主义新建筑都未能满足我们上面列举的这些要求，而这些要求是人们最迫切的要求，并且是我们使用了富有感情色彩的字眼来描述的部分。

换句话说，要使建造环境达到越来越人情化的方法之一就是扩大理性的概念。我们必须更理性地分析与物体相关的要求。所有想象物体的不同要求，都会形成一种尺度。也许一系列的尺度就类似于光谱。在光谱的红色区，是社会的观点，橙色区是与生产相关的问题，如此等等。在不

可见的紫外线区域中，可能就是一些理性模糊的需求，它们隐藏于个人之中不为我们所见。不论怎样，在光谱的末端，存在着纯粹的人性的问题，我们将在这里取得最新的发现。显然，这些不应只限制在我前面随便提到的金属椅子的例子上，即使如上所述，我们会发现感性的概念是处在大量物理数据之中，我们还将很快发现，我们自己是在物理学范畴之外。直到今天所有物体都有的另外一系列要求是由心理学提出的。一旦，我们将心理需求包括在内，或者说，当我们能够将它包含在内时，那么我们就已经将理性方式扩展到比以前更深的程度，它有能力排除无人性的结果。……

当我们考虑人在最差的条件下生活时，很容易发现，所有解决的方案都只不过是一种妥协。……

相反，我们必须扩展理性所及的范围，使之包含更多的与问题有关的需求。我们必须尽量理性地普遍地检验技术和卫生需求，满足起码的心理需求，甚至超过这些，追求我们能力所及的最佳状态。很显然，源远流长的传统实用艺术的经验可以在这里给我们提供有价值的研究素材。我所指的传统是真正意义上的传统及其历史发展过程，而不是指形式上的毫无生机的传统主义。……

我要指出的是生产和设计中的理性工作绝没有达到预想的结果，大量的错误和缺点并不是用无生机的和充满问题的形式元素所可以解决的。我的意思是说理性主义的正确意义是去解决所有有关事物的问题，去理性地处理那些在任务中往往被认为是不明确的个人口味的问题。通过仔细分析我们还会发现它们有些问题是属于生理方面的需求，有些问题是属于心理方面的需求等等。补救方法只能是拓展理性主义。……

只要标准化成为生产原则，它就会被认为是一种不近人情的生产形式。标准化不应该是一个定型的成品，相反，它必须完全按各人的意愿生产。只有当物体具有折衷的品质时，标准化才能缓和对个性的压制，它的正面效应才能开发出来。……

但是，甚至在新的实用艺术中，心理要素在理性工作领域内，可以比方仍存在青铜时代的水平。大多数人所受的社会教育在这里有所欠缺，所以以广告技巧销售的形式仍有很大的市场。人们得到这些标准式样的物体和预制好的标准装饰件，它们的特征雷同，因此阻碍了人们去创造一个属于他们自己的生活化的自然的多变的环境。

这样，我们又回到了"上述形式"的问题上。一个不断变化着的环境意味着终究有一种形式不受构造的限制。我们已经触及到多样性的重要。自然界，生物界具有丰富多彩的形式。它可以用具有相同结构，相同网络和相同原理的细胞去构成一亿个复合体，每一个复合体都代表一种更高层次的形式。人类的生活方式归属于相同的家庭组织。人类周围的事物并不是具有神秘永恒价值的图腾或寓言。它们仍然是细胞、组织和生物，也是人类生活的构成要素。人们周围的事物是不能和生物要素分开的，否则它们就不能适应整个生态系统的需要，它们就会逐渐变得非人情化。

——"理性主义和人"，在瑞典工艺设计协会年会上的讲话，1935 年

对每一种形式的束缚，不论它是根深蒂固的风格传统，抑或是对现代建筑表面一致性的追求，都妨碍建筑为人类生存斗争发挥充分的作用。换句话说，它会降低建筑的重要性和有效性。

——"论现代建筑的材料与构造"
在奥斯陆北欧建筑大会上的讲话，1938 年

在现代建筑中的典型活动之一是椅子的构造及采用与之相适应的新材料和制作方法。钢管椅从技术与结构观点来看当然是理性的：轻便，适于批量生产等等。但是，从人性观点看，钢和铬的表面并不令人满意。钢传热太快，铬的表面反光太强，甚至不利于房间的声学效果。创作这种家具的理性方法是对头的，但只有理性化使用的材料适合于人时，才会获得最好的效果。

在解决人的生理与心理需求这一目的上，现代建筑目前毫无疑问处在新的阶段上。

这新的时期与第一次技术理性化时期并不矛盾。当然，它得被理解成是围绕相关领域的理性方法的扩展。

在过去的几十年中，建筑常与科学相比较，努力使建筑方法更科学化，甚至想使建筑成为纯科学。但建筑毕竟不是科学。它纵然同样是将千万种人的活动功能组合到一起的巨大综合过程，但它仍只是建筑。

它的目的仍是使物质世界与人的生活协调，使建筑人情化意味着创造更好的建筑，也意味着是一种比纯技术性范围更广的功能主义。这一目标的实现只能依赖于建筑的方法——将不同的技术工作进行综合和创造，使之为人类提供一种最和谐的生活。

建筑的方法有时也类似科学的方法，例如科学的研究过程也同样适用于建筑。建筑研究可以越来越有条理，但它的实质是不能孤立起来进行分析的。在建筑研究中总带有比较多的直觉与艺术的成分。……

技术功能主义只有扩展到心理学领域时才是正确的。这是通向人情化建筑的唯一途径。

帕米欧疗养院中使用的柔性的木质家具系列是实验的结果。在实验的那段时间中，第一个镀铬金属家具也在欧洲诞生了。金属管和镀铬表面是技术进步的产物，但从心理学上来看，这些材料不适用于人体。疗养院需要的家具是明快、柔和、易于清扫等等。在对木材的广泛实验之后，这种柔性的体系就产生了，制作方式和材料结合产生了这种让人接触舒适的家具。对于疗养院中冗长沉闷的生活来说，这是更合适的通用材料。

图书馆中最大的问题是与人的眼睛有关。当然无视这个问题，图书馆也仍然可以用技术的方式很好地建造起来。但它是不合人情的和不完善的建筑，除非它很好地解决了在建筑中"阅读"这样一种人的需要功能。眼睛只是人体中一个很小的组成部分，但它是最敏感并且也许是最重要的部分。如果建筑内设置的自然光和人工光有损视力，或者光线不利于眼睛的阅览，这就意味着它是一个反面的建筑，无论它有多高的建造价值。

　　——**"建筑的人情化"**，技术评论，1940 年

在这种建筑中，除了装饰与细部之外，其原型中还有另一种更为有机的艺术形式，它建立在构造与连接方式的基础之上，诸如家具节点，它是一种贴近自然的直觉艺术。

卡累利阿家具(Karelia原为芬兰南方一省名)的艺术形式是基于树木生长特点的。树的主干部分，用于建筑材料，那些较小而且形式丰富的支干部分，适宜用于家具。

人们通过研究会发现，它们的美中蕴含着与自然紧密相联的逻辑关系——冷杉树象征建筑，它的支干和树枝象征着家具和可移动的器皿。

在这方面卡累利阿建筑文化与当代建筑有着紧密联系，约十年前我通过个人的体验得知，当室内设计中开始反对用金属材料时，尽管与我的事业有关，但并没有带有卡累利阿的地方主义色彩。

因为缺少技术手段的帮助，卡累利阿家具制作者的艺术是使用部分自然造就的素材，获得了最真实丰富的形式，并且将这些自然的形式结合为优雅实用的整体。

　　——"卡累利阿的建筑"，Uusi Suomi,1941 年

在艺术中只有两件东西——人情化或非人情化。纯粹的形式以及某些细部并不能创造出人情化的艺术。现在肤浅的或相当坏的现代建筑已经出现得太多了。

汽车中有多少电缆或有几个轮子是标准化的并不重要，但当我们回到家里，对待和我们关系密切的东西时，问题就不一样了——它变成了一个精神的问题，变成了一个关于标准化的含义应包含什么的问题。

　　——"为建筑而奋斗"，在英国皇家建筑师协会上的讲话，1957 年

附录

1 阿尔瓦·阿尔托简历

1898	2月3日出生于芬兰库奥尔塔内
1916	进入于韦斯屈莱古典书院学习
1921	在赫尔辛基理工学院建筑系毕业
1923－27	在于韦斯屈莱开设私人建筑事务所
1924	与爱诺·玛西欧结婚(爱诺于1949年去世)
1927－33	在图尔库开设私人建筑事务所
1933	在赫尔辛基开设私人建筑事务所
1943－58	芬兰建筑师学会主席(自1958年起为名誉主席)
1946－48	美国 坎布里奇 麻省理工学院教授
1952	与埃利莎·玛基尼米结婚
1955	芬兰科学院院士
1959	芬兰工程技术科学院院士
1963－68	芬兰科学院院长(自1968年起为名誉院长)
1976	5月11日在赫尔辛基逝世
	* * * *
1928	荷兰建筑学会会员
1928	法国现代建筑协会会员
1937	英国皇家建筑师学会名誉会员
1939－44	丹麦建筑师学会名誉会员
1940	瑞典建筑学会会员
1950	英国皇家艺术学会会员
1955	意大利科学院院士
1955	法国建筑科学院院士
1958	德国艺术科学院院士
1961	丹麦艺术科学院院士
1966	德国建筑师学会名誉会员

2 阿尔瓦·阿尔托主要作品一览表

1918	芬兰	阿拉耶尔维	阿尔托住宅改建
	芬兰	考哈耶尔维	钟塔
1921－22	芬兰	塞奈约基	爱国者协会大楼
1922	芬兰	坦佩雷	工业展览会
1922－23	芬兰	于韦斯屈莱	并联式住宅
1923－24	芬兰	于韦斯屈莱	公寓楼
1923－25	芬兰	于韦斯屈莱	工人俱乐部
1924	芬兰	艾内科斯基	教堂复原
	芬兰	安托拉	教堂复原
1925	芬兰	维塔萨里	教堂改建
1926－29	芬兰	穆拉梅	教堂
1927	芬兰	皮尔孔迈基	钟塔复原
1927－28	芬兰	图尔库	农民合作社大楼和芬兰剧院
	芬兰	图尔库	公寓楼
1927－29	芬兰	于韦斯屈莱	爱国者协会大楼
1928－29	芬兰	图尔库	圣诺马特报社
1928	芬兰	科尔皮拉赫蒂	教堂复原
1929	芬兰	凯米耶尔维	教堂复原
	芬兰	图尔库建城700周年展览会	
1929－33	芬兰	帕米欧结核病疗养院	
1930－31	芬兰	奥卢	托皮拉纤维素工厂
1930－35	芬兰	维普里	市立图书馆(1943年被毁)
1932－33	爱沙尼亚	塔尔图	坦梅开别墅
1933	芬兰	帕米欧结核病疗养院	职工宿舍
1934	芬兰	曼基涅米	斯坦尼思开发区
1934－36	芬兰	曼基涅米	阿尔托住宅
1936－37	法国	巴黎	1937世界博览会芬兰馆
1936－39	芬兰	山尼拉	纤维素工厂(第一期)
1937	芬兰	赫尔辛基	萨伏伊餐厅
	芬兰	卡尔胡拉	北欧联合银行
1937－38	芬兰	山尼拉	管理人员住宅
	芬兰	山尼拉	二层住宅
	芬兰	山尼拉	二层台地住宅(第一第二组团)
1938	芬兰	拉普亚	农业展览会 森林馆
	芬兰	赫尔辛基 韦斯坦德	玻隆堡电影工作室
	芬兰	伊卡利嫩	埃耶拉造纸厂

1938－39	芬兰	山尼拉	三层台地住宅(第一第二组团)
	美国	纽约	1939世界博览会芬兰馆
	芬兰	伊卡利嫩	小学
	芬兰	伊卡利嫩	埃耶拉公寓楼(第一组团)
	芬兰	伊卡利嫩	埃耶拉台地住宅(第二组团)
	芬兰	伊卡利嫩	埃耶拉工程师住宅
	芬兰	努玛库	玛利亚别墅
1938－40	芬兰	柯图亚	台地住宅
1939－45	芬兰	卡尔胡拉	阿斯特洛姆公寓群
1941	试验性小镇规划
1941－42	芬兰	柯克迈基山谷区域规划
1942－43	芬兰	柯图亚	女子宿舍
1942－46	芬兰	珊纳特赛罗规划
1944	芬兰	瓦萨	斯特洛姆堡开发区
	芬兰	柯图亚	工厂扩建
1944－45	芬兰	罗瓦涅米城市规划(方案)
	芬兰	卡尔胡拉	阿斯特洛姆机械厂
1944－47	芬兰	瓦萨	斯特洛姆堡仪表厂
	芬兰	瓦萨	斯特洛姆堡台地住宅
1945	芬兰	柯图亚	工程师住宅
	芬兰	柯图亚	桑拿浴室
	瑞典	海德莫拉	阿尔台克展览馆
1945－46	芬兰	瓦考斯	锯材厂
	芬兰	瓦考斯	独户住宅区
1946	芬兰	皮拉瓦	独户会计室
1947	芬兰	瓦萨	斯特洛姆堡桑拿浴室和洗衣房
	瑞典	阿韦斯塔	约翰逊研究所
1947－48	美国	麻省理工学院	学生宿舍贝克大楼
1947－53	芬兰	伊马特拉区域规划
1949	芬兰	卡尔胡拉	阿斯特洛姆工厂仓库
1949－50	芬兰	坦佩雷	坦佩拉住宅
1949－50	芬兰	奥坦尼米体育馆
1949－52	芬兰	珊纳特赛罗市政厅
1950－55	芬兰	拉皮区域规划
1951	芬兰	赫尔辛基	伊洛塔亚馆
	芬兰	科特卡	恩索·古特蔡特造纸厂
	芬兰	奥卢	独户住宅
	芬兰	伊卡利嫩	工人住宅
1951－52	芬兰	奥卢	太皮·奥	氮厂及职工住宅
1951－53	芬兰	撒玛	恩索·古特蔡特造纸厂

1951－54	巴基斯坦　昌德拉荷拉　造纸厂
	芬兰　山尼拉　纤维素工厂（第二期）
	芬兰　山尼拉　三层公寓（第三组团）
1952	芬兰　赫尔辛基　芬兰工程师协会大楼
	芬兰　卡尔维克　恩索·古特蔡特乡村俱乐部
1952－54	芬兰　曼基涅米　芬兰年金协会住宅区
1952－56	芬兰　赫尔辛基　芬兰年金协会
1952－57	芬兰　于韦斯屈莱师范大学
1953	芬兰　伊马特拉市中心设计
	芬兰　莫拉特塞罗　阿尔托夏季别墅
1953－55	芬兰　赫尔辛基　拉塔塔罗商业办公大楼
1954	意大利　科莫　R.S.研究室
	芬兰　赫尔辛基　埃罗住宅楼
1955	芬兰　曼基涅米　阿尔托事务所
1955－57	德国　柏林　汉莎公寓楼
1955－58	芬兰　赫尔辛基　文化宫
1956	芬兰　提皮·奥　管理人员住宅
	芬兰　奥卢大学总体规划
	意大利　威尼斯　比奈尔芬兰馆
1956－58	芬兰　帕米欧结核病疗养院　手术室
	芬兰　伊马特拉　伏克塞尼斯卡教堂
	法国　巴黎　贝佐彻斯　路易·卡雷住宅
1957－61	芬兰　罗瓦涅米　柯卡罗瓦拉住宅开发区
	瑞典　阿韦斯塔　桑德中心
1958	伊拉克　巴格达　艺术博物馆
	伊拉克　巴格达　邮政办公大楼
	德国　亚琛剧院方案
1958－60	芬兰　塞奈约基　教堂
1958－62	德国　不来梅　高层公寓大楼
1959	芬兰　赫尔辛基　比约赫姆住宅开发区
	芬兰　苏穆萨米　芬兰战争纪念碑
1959－62	芬兰　于韦斯屈莱　中芬兰博物馆
	芬兰　赫尔辛基　恩索·古特蔡特公司总部大楼
	德国　沃尔夫斯堡教区中心
1959－63	德国　沃尔夫斯堡文化中心
1959－64	芬兰　赫尔辛基新中心规划
1960－61	芬兰　奥坦尼米　商业中心
	芬兰　雷克萨　雷克萨考斯基发电厂
1961－64	芬兰　奥坦尼米　芬兰理工学院主楼
1961－62	芬兰　帕米欧结核病疗养院　护士住宅

	芬兰	罗瓦涅米 商住区
1961－65	芬兰	塞奈约基市政厅
1962	芬兰	塔皮奥拉 公寓区
	芬兰	雅各布斯塔德 台地住宅
1962－63	芬兰	奥坦尼米 芬兰理工学院热电厂
	芬兰	罗瓦涅米 住宅开发区
1962－64	芬兰	赫尔辛基 斯堪的纳维亚银行办公楼
1962－66	芬兰	奥坦尼米 学生旅馆
1963	芬兰	罗瓦涅米市中心设计
	芬兰	于韦斯屈莱大学 室内游泳池扩建(第一期)
	芬兰	于韦斯屈莱 学生会大楼
	芬兰	奥坦尼米城镇规划
1963－65	芬兰	塞奈约基 图书馆
	瑞典	乌普萨拉 学生会大楼
	德国	沃尔夫斯堡 海林－盖斯特－格梅德幼儿园
1963－66	芬兰	塞奈约基 教区中心
1964	芬兰	奥坦尼米 芬兰理工大学 木工技术实验室
	芬兰	帕米欧结核病疗养院扩建
1964－65	芬兰	罗瓦涅米 独户住宅
1964－66	芬兰	斯坦思维克城市规划
1964－67	芬兰	塔米萨里 埃克奈斯储蓄银行
1965－68	冰岛	雷克雅未克 斯堪的纳维亚厅
	芬兰	罗瓦涅米 图书馆
	德国	沃尔夫斯堡 代特梅罗德教区中心
	瑞士	卢塞恩 舒标高层公寓
1965－69	芬兰	奥坦尼米 芬兰理工学院图书馆
1965－70	美国	俄勒冈 M.A.本尼迪克廷大学图书馆
1965－72	芬兰	于韦斯屈莱 行政与文化中心
1966－69	芬兰	赫尔辛基 学术书店
	芬兰	阿拉耶尔维市政厅
1966－76	意大利	博洛尼亚 里奥拉教区中心
1967－69	芬兰	塞奈约基 政府办公大楼
	芬兰	赫尔辛基 耶尔文派 柯孔能别墅
1967－71	芬兰	赫尔辛基 芬兰音乐厅
	芬兰	于韦斯屈莱大学体育系
1967－73	芬兰	赫尔辛基市电力公司办公楼
1968－71	芬兰	奥坦尼米 芬兰理工学院水塔
1969－70	芬兰	塔米萨里 施德特别墅
	芬兰	阿拉耶尔维 教区中心
1969－75	芬兰	奥坦尼米 芬兰理工学院主楼加建

1970	芬兰	拉赫蒂教堂
	伊朗	设拉子　艺术博物馆
	芬兰	于韦斯屈莱市警察局
1970－75	芬兰	罗瓦涅米　拉皮剧院(第一第二期)
1971	芬兰	于韦斯屈莱　阿尔瓦·阿尔托博物馆
1972	芬兰	赫尔辛基市中心规划(第二期)
	丹麦	阿尔堡艺术博物馆(与J.J.Bruel合作)
1973－75	芬兰	赫尔辛基　芬兰议会大厅
	芬兰	于韦斯屈莱大学　室内游泳池扩建(第二期)
1975	芬兰	于韦斯屈莱市政厅
1975－76	冰岛	雷克雅未克　大学区总体规划

3 作品英文名称

1918	Aalto Family House remodelling, Alajärvi, Finland
	Belfry, Kauhajärvi, Finland
1921 – 22	Association of Patriots Building, Seinäjoki, Finland
1922	Industrial Exhibition, Tampere, Finland
1922 – 23	Two-family house, Jyväskylä, Finland
1923 – 24	Apartment building, Jyväskylä, Finland
1923 – 25	Workers' Club, Jyväskylä, Finland
1924	Church restoration, Äänekoski, Finland
	Church restoration, Anttola, Finland
1925	Church remodelling, Vittasaari, Finland
1926 – 29	Church, Muurame, Finland
1927	Belfry restoration, Pylkönmäki Church, Finland
1927 – 28	Farmers' Cooperative Building and Finnish Theatre, Turku, Finland
	Apartment building, Turku, Finland
1927 – 29	Association of Patriots Building, Jyväskylä, Finland
1928 – 29	Turun Sanomat Newspaper Offices, Turku, Finland
1928	Church restoration, Korpilahti, Finland
1929	Church restoration, Kemijärvi, Finland
	7th Centenary Exhibition, Turku, Finland
1929 – 33	Tuberculosis Sanatorium, Paimio, Finland
1930 – 31	Cellulose factory, Toppila, Oulu, Finland
1930 – 35	Municipal Library, Viipuri, Finland (destroyed, 1943)
1932 – 33	Villa Tammekan, Tarto, Estonia
1933	Employees' houses, Tuberculosis Sanatorium, Paimio, Finland
1934	Stenius Housing Development, Munkkiniemi, Helsinki
1934 – 36	Aalto House, Munkkiniemi, Finland
1936 – 37	Finnish Pavilion, World's Fair, Paris
1936 – 39	Cellulose factory, Sunila, Finland (Ist stage of construction)
1937	Savoy Restaurant, Helsinki
	Nordic United Bank, Karhula, Finland
1937 – 38	Director's house, Sunila, Finland
	Two-storey housing, Sunila, Finland
	Two-storey terrace housing, Ist and 2nd groups, Sunila, Finland
1938	Forestry Pavilion, Agricultural Exhibition, Lapua, Finland
	Blomberg Film Studio, Westend, Helsinki
	Anjala Paper Factory, Inkeroinen, Finland

1938 – 39	Three-storey terrace housing, Ist and 2nd groups, Sunila, Finland
	Finnish Pavilion, World's Fair, New York
	Elementary School, Inkeroinen, Finland
	Anjala Apartments Buildings, Ist group, Inkeroinen, Finland
	Anjala Terrace House, 2nd group, Inkeroinen, Finland
	Anjala Housing for Engineers, Inkeroinen, Finland
	Villa Mairea, Noormarkku, Finland
1938 – 40	Terrace housing, Kauttua, Finland
1939 – 45	Ahlström Apartment Buildings, Karhula, Finland
1941	Plan for an experimental town
1941 – 42	Regional Plan for the Kokemaki Valley, Finland
1942 – 43	Women's dormitory, Kauttua, Finland
1942 – 46	Urban design project for Säynätsalo, Finland
1944	Stromberg Housing Development, Vaasa, Finland
	Extension to factory, Kauttua, Finland
1944 – 45	Urban design for Rovaniemi, Finland (project)
	Ahlström Mechanical Workshop, Karhula, Finland
1944 – 47	Strömberg Meter Factory, Vaasa, Finland
	Strömberg Terrace Housing, Vaasa, Finland
1945	Engineer's house, kauttua, Finland
	Sauna, Kauttua, Finland
	ARTEK Exhibition Pavilion, Hedemora, Sweden
1945 – 46	Sawmill extension, Varkaus, Finland
	One-family housing development, Varkaus, Finland
1946	One-family, Pihlava, Finland
1947	Strömberg Sauna and Laundry, Vaasa, Finland
	Johnson Research Institute, Avesta, Sweden
1947 – 48	Baker House Dormitory, Massachusetts Institute of Technology, Cambridge
1947 – 53	Regional plan for Imatra, Finland
1949	Ahlstrom Factory Warehouse, Karhula, Finland
1949 – 50	Tampella Housing, Tampere, Finland
	Sports Hall, Otaniemi, Finland
1949 – 52	Town Hall, Säynätsalo, Finland
1950 – 55	Regional Plan for Lappland
1951	Erottaja Pavilion, Helsinki
	Enso-Gutzeit Paper Factory, Kotka, Finland
	One-family house, Oulu, Finland
	Workers' housing, Inkeroinen, Finland

1951 – 52	Tappi Oy Nitrogen Factory and housing for Typpi Oy employees, Oulu, Finland
1951 – 53	Enso-Gutzeit Paper Mill, Summa, Finland
1951 – 54	Paper mill, Chandraghona ,Pakistan
	Cellulose factory, Sunila, Finland (2nd stage of construction)
	Three-storey apartment house, 3rd group, Sunila, Finland
1952	Association of Finnish Engineers Building, Helsinki
	Enso-Gutzeit Country Club, Kallvik, Finland
1952 – 54	Housing for the personel of the Public Pensions Institute, Munkkiniemi, Finland
1952 – 56	Public Pensions Institute, Helsinki
1952 – 57	Pedagogical University, Jyväskylä, Finland
1953	Imatra Centre Design Project
	Aalto Summer House, Muuratasalo, Finland
1953 – 55	Rautatalo Office Building, Helsinki
1954	Studio R.S., Como, Italy
	Housing Aero, Helsinki
1955	Aalto Studio, Munkkiniemi, Finland
1955 – 57	Apartment building, Hansaviertel, Berlin
1955 – 58	House of Culture, Helsinki
1956	Director's house, Typpi Oy, Oulu, Finland
	Master plan for the University of Oulu, Finland
	Finnish Pavilion, Biennale, Venice
1956 – 58	Operating Room, Tuberculosis Sanatorium, Paimio, Finland
	Church, Vuoksenniska, Imatra, Finland
	Villa Louis Carré, Bazoches, France
1957 – 61	Korkalovaara Housing Development, Rovaniemi, Finland
	Sundh Centre, Avesta, Sweden
1958	Art Museum, Baghdad, Iraq
	Post Office Administration Building, Baghdad, Iraq
	Opera House, Essen, Germany (project)
1958 – 60	Church, Seinäjoki, Finland
1958 – 62	Neue Vahr High-Rise Apartments, Bremen, Germany
1959	Bjornholm Housing Development, Helsinki
	Finnish War Memorial, Suomussalmi, Finland
1959 – 62	Central Finnish Museum, Jyväskylä, Finland
	Enso-Gutzeit Headquarters, Helsinki
	Parish Centre, Wolfsburg, Germany
1959 – 63	Cultural Centre, Wolfsburg, Germany
1959 – 64	New Centre, Helsinki

1960 – 61	Shopping centre, Otaniemi, Finland
	Lieksankoski Power station, Lieksa, Finland
1961 – 64	Main Building, Institute of Technology, Otaniemi, Finland
1961 – 62	Housing for nurses, Tubercluosis Sanatorium, Paimio, Finland
	Office and apartment block, Rovaniemi, Finland
1961 – 65	Town Hall, Seinäjoki, Finland
1962	Apartment blocks, Tapiola, Finland
	Terrace housing, Jakobstad, Finland
1962 – 63	Heating Plant, Institute of Technology, Otaniemi, Finland
	Housing development, Rovaniemi, Finland
1962 – 64	Scandinavia Bank Administration Building, Helsinki
1962 – 66	Student hotel, Otaniemi, Finland
1963	Urban Centre, Rovaniemi, Finland
	Swimming Hall extension, Jyväskylä, Finland (Ist stage of Construction)
	Student Union Building, Jyväskylä, Finland
	Town Plan for Otaniemi, Finland
1963 – 65	Library, Seinäjoki, Finland
	Student Association House, Vastmanland-Dala, Uppsala, Sweden
	Heiling-Geist-Gemeinde Kindergarten, Wolfsburg, Germany
1963 – 66	Parish Centre, Seinäjoki, Finland
1964	Wood Technology Laboratories, Institute of Technology, Otaniemi, Finland
	Tubercluosis Sanatorium extension, Paimio, Finland
1964 – 65	One-family house, Rovaniemi, Finland
1964 – 66	Urban design project for stensvik, Finland
1964 – 67	Ekenäs Savings Bank, Tammisaari, Finland
1965 – 68	Scandinavian House, Reykjavik, Iceland
	Library, Rovaniemi, Finland
	Parish Centre, Detmerode, Wolfsburg, Germany
	Schönbühl High-Rise Apartments, Lucerne, Switzerland
1965 – 69	Library, Institute of Technology, Otaniemi, Finland
1965 – 70	Library, Mount Angel Benedictine College, Mount Angel, Oregon
1965 – 72	Administraion and Cultural Centre, Jyväskylä, Finland
1966 – 69	Academic Bookshop, Helsinki
	Town, Alajärvi, Finland
1966 – 76	Riola Parish Centre, Bologna, Italy
1967 – 69	State Office Building, Seinäjoki, Finland
	Kokkonen House, Järvenpää, Helsinki
1967 – 71	Finlandia Hall, Helsinki

	Institute of Physical Education, Jyväskyla University, Finland
1967 – 73	City Electric Company Administration Building, Helsinki
1968 – 71	Water Tower, Institute of Technology, Otaniemi, Finland
1969 – 70	Villa Schildt, Tammisaari, Finland
	Parish Centre, Alajärvi, Finland
1969 – 75	Main Building extension, Institute of Technology, Otaniemi, Finland
1970	Church, Lahti, Finland
	Art Museum, Shiraz, Iran
	Police Headquarters, Jyväskyla, Finland
1970 – 75	Theatre, Ist and 2nd stages, Rovaniemi, Finland
1971	Alvar Aalto Museum, Jyväskylä, Finland
1972	Helsinki, Central Plan, 2nd stage
	Art Museum, Aalborg, Denmark (with J.J.Baruel)
1973 – 75	Finlandia Congress Hall, Helsinki
	Swimming Hall, Jyväskylä, Finland (2nd stage of construction)
1975	Town Hall, Jyväskyla, Finland
1975 – 76	Master plan of the university area, Reykjavik, Iceland

4 参考文献

1. Frederick Gutheim. Alvar Aalto. Mayflower. London, 1960
2. Carl Fleig. Alvar Aalto. Volume Ⅰ, 1922-1962. Birkhäuser Verlag. Basel. 5th ed. 1995
3. Carl Fleig. Alvar Aalto. Volume Ⅱ, 1963-1970. Birkhäuser Verlag. Basel, 2nd ed. 1995
4. Carl Fleig. Alvar Aalto. Volume Ⅲ. Proiects and Final Buildings, 1995
5. Aarno Ruusuvuori. Alvar Aalto, 1898-1976. The Museum of Finnish Architecture, 1978
6. Göran Schildt. Alvar Aalto, The Decisive Years. Otava Publishing Company Ltd. 1986, Finland
7. Kirmo Mikkola. Alvar Aalto vs the Modern Movement. Kustantaja, 1981
8. Elissa Aalto. Alvar Aalto Furniture. Museum of Finnish Architecture, 1984
9. Vilhelm Helander + Simo Rista. Modern Architecture in Finland. Kirjayhtymä. Helsinki, 1987
10 Gerd Hatje. Encyclopadia of Modern Architecture. 1985
11. Muriel Emanuel. Contemporary Architects. The MacMillan Press Limited. London, 1980
12. S.Giedion. Space, Time and Architecture. Harvard Press, 5th ed. 1980
13. [美]罗杰·H·克拉克＋迈克尔·波斯. 世界建筑大师名作图析. 中国建筑工业出版社, 1997
14. 武藤章. 世界建筑. No.10. Alvar Aalto. La Maison Louis Carré. 1956 - 59. 胡氏图书出版社，台北, 1983
15. 武藤章. 世界建筑. No.16. Church in Vuoksenniska, Imatra, Finland, 1957 - 59. City Center in Seinäjoki. Finland, 1958
16. 武藤章. 世界建筑. No.24. Town Hall in Säynätsalo, Finland, 1950 - 52. Pubilc Pensions Institute. Helsinki, Finland, 1952-56
17. Architectural Forum, Dec. 1940. "Humane Architecture".
18. AIA Journal, Sept. 1979. "Master of Light".
19. 刘先觉. 阿尔瓦·阿尔托. 建筑师. No.8, 1981
20. 文丘里著. 建筑的复杂性与矛盾性. 周卜颐译. 中国建筑工业出版社, 1991
21. [英]肯尼思·弗兰姆普敦著. 现代建筑——— 一部批判的历史. 原山等译. 中国建筑工业出版社, 1988
22. A+U. 8903, No.222. Alvar Aalto
23. [美]莱斯尼科夫斯基. 建筑的理性主义与浪漫主义. 建筑师. 35、43. 中国建筑工业出版社
24. 世界建筑. 9001, 9205